寒地日常户外健身空间要素设计

张翠娜　著

中国建筑工业出版社

图书在版编目（CIP）数据

寒地日常户外健身空间要素设计 / 张翠娜著. －北京：中国建筑工业出版社，2019.5
ISBN 978-7-112-23514-8

Ⅰ.①寒… Ⅱ.①张… Ⅲ.①寒冷地区－健身运动－体育建筑－建筑设计 Ⅳ.①TU245

中国版本图书馆CIP数据核字（2019）第053416号

本书首先阐述全民健身运动背景下当前大众对户外健身空间的诉求；接着介绍基于实地调研所得的寒地户外健身活动种类与特点，总结健身空间类型与现状特征；解析了前期研究得到的影响健身活动的各类空间要素，包括健身设施、可达性和景观设计等；随后探讨各类空间要素的共性设计原则和针对不同使用者背景的个性设计原则；最后从不同空间类型角度，提出了寒地日常户外健身空间要素的设计策略。

本书可供户外健身场地与设施、城市开放空间、社区规划与设计方向的研究者和设计者等参考。

责任编辑：许顺法　徐冉
责任校对：张颖

寒地日常户外健身空间要素设计
张翠娜　著
*
中国建筑工业出版社出版、发行（北京海淀三里河路9号）
各地新华书店、建筑书店经销
北京光大印艺文化发展有限公司制版
北京建筑工业印刷厂印刷
*
开本：787×960毫米 1/16　印张：10　字数：118千字
2019年6月第一版　2020年6月第二次印刷
定价：66.00元
ISBN 978-7-112-23514-8
（33813）

前言 PREFACE

本书首先阐述全民健身运动背景下当前大众对户外健身空间的诉求；接着介绍基于实地调研所得的寒地户外健身活动种类与特点，总结健身空间类型与现状特征；解析了前期研究得到的影响健身活动的各类空间要素，包括健身设施、可达性和景观设计等；随后探讨各类空间要素的共性设计原则和针对不同使用者背景的个性设计原则；最后从不同空间类型角度，提出了寒地日常户外健身空间要素的设计策略。

本书读者对象为户外健身、休闲体育、社区健身等领域的研究者；户外健身场地与设施、城市开放空间、社区规划与设计方向的研究者和设计者；其他相关领域的硕士、博士研究生等。

全民健身运动的开展和大众健康意识的提高，使规划建筑专业、体育专业人士以及政府部门均日益重视大众健身设施与空间的研究和建设。日常类户外健身空间是大众健身活动的主要载体，也是大众健身空间的重要组成部分。健身空间中的健身设施、可达性、景观设计等空间要素与健身活动息息相关，是空间设计的首要任务，然而当前却少见针对各类空间要素的全面、系统的设计指导。促进健身活动参与是健身空间设计的宗旨，使用者背景和空间类型的不同使得各类空间要素对健身活动参与影响程度不同，但当前缺少较为全面的针对不同使用者背景和空间类型的各类空间要素设计对策研究。

严寒地区由于特殊的地理气候属性使得其日常健身活动和健身空间都具有独特性，寒地日常户外健身空间的空间要素也与其他地区有所不同。研究寒地日常户外健身空间要素设计对于寒地城市户外健身空间的相关政策制定、设施管理、空间规划与设计可提供指导，也更能促进全民健身运动和日常健身活动开展。

本书源于博士论文又高于原博士论文研究。原博士论文侧重于对寒地健身空间实地调研、对使用者健身活动与空间要素关系统计分析的研究，本书侧重于阐述对使用者健身活动有影响的各类空间要素设计，从共性原则、针对使用者背景的个性原则和不同空间类型角度提出空间要素的设计策略。

本书学术价值主要体现在如下几方面：

（1）健身活动方面：

在博士论文大量实地考察基础上，阐述当前寒地日常健身活动种类和健身活动特点，对建筑、体育专业和其他相关专业此类研究提供参考。

（2）空间要素方面：

我国幅员辽阔、气候多样，不同气候区域的城市户外健身空间存在差异。本书在前期博士论文数理统计分析基础上，总结促进寒地健身活动的户外健身空间要素，为全民健身背景下寒地健身设施设计提供依据。

（3）户外健身空间设计方面：

不同使用者背景和空间类型均使得健身活动开展和健身空间使用有所不同，从使用者背景和不同空间类型角度阐述各类空间要素设计，更能有的放矢地探寻城市户外健身空间的设计之道。本书研究结果可以对寒地城市户外空间的政策制定、管理运营和规划设计提供指导，也可以对其他地区日常户外健身空间研究和建设提供借鉴。

目录 CONTENTS

目录 CONTENTS

目录 CONTENTS

第1章

日常户外健身活动与空间

1.1 全民健身的发展与诉求

1.1.1 全民健身计划概述

全民健身计划是20世纪90年代以来为增强国民体质，提高群众健身意识，开展群众性体育活动，由我国政府制定的一系列群众体育发展计划。旨在逐步完善符合国情、比较完整、覆盖城乡、可持续的全民健身公共服务体系，提高全民族身体素质、健康水平和生活质量，促进人的全面发展，促进社会和谐和文明进步。

1995年6月，国务院颁布《全民健身计划纲要》，这项为期15年的计划的奋斗目标是："努力实现体育与国民经济和社会事业的协调发展，全面提高中华民族的体质与健康水平，基本建成具有中国特色的全民健身体系"[1]。2009年的《全民健身条例》，将每年8月8日定为全民健身日，并要求"公共体育设施应当在全民健身日向公众免费或优惠开放"[2]。2011年2月国务院出台《全民健身计划2011—2015》，在这项计划中，对全民健身的人数提高、健身活动和全民健身设施等方面都制定了具体目标和措施。在参加体育健身人群方面：要求使体育健身成为更多群众的基本生活方式；要显著增加体育健身人数，使32%的人口每周参加体育健身≥3次，每次≥30分钟；要增加体育健身的老年人、残疾人的人数等。在城市健身设施方面：要求市、区、街道、社区各级都要配有体育健身设施，增加体育设施数量和面积，加大学校体育设施开放力度等[3]。2016 年 6 月的《全民健身计划 2016—2020》的发展目标要求："到 2020 年每周参加 1 次及以上体育锻炼的人数达到 7 亿，经常参加体育锻炼的人数达到 4.35 亿；构建县（市、区）、乡镇（街道）、行政村（社区）三级群众身边的全民健身设施网络和城市社区 15 分钟健身圈，人均体育场地面积达到 1.8 平方米，改善各类公共体育设施的无障碍条件"[4]。从一系列全民健身计划发展目标可以看出：增加体育健身人数、促进健身活动和构建完善充足的健身设施一直是我国全民健身活动开展的重要内容，也是值得体育界和城市设计界相关人士思考的重要议题。

从国外发展历程来看，关注健身大众、促进大众健身活动参与同样是全民健身活动的重点。美国 1996 年提前完成《健康公民 2000》规定的建设"健身路径、游泳池和休闲公园"等健身设施目标后，发现国民健康或健身活动并不理想。《健康公民 2010》开始关注国民健康生活年限的提高和消除因种族、民族、性别、教育程度及其他因素对健康、健身运动造成的不平等现象。从《健康公民 2020》开始强调体育健身参与过程问题，提倡"随时随地即可健身"[5]，以促进国民对健身活动的参与。德国从第二个黄金计划（1976-1984 年）开始，对国民体育活动状况和体育行为进行调查、分析，研究健身活动兴趣发展变化，进而规划和建设体育设施[6]。日本 1972 年《关于普及振兴体育的基本政策》的重点是建设公共体育设施，而到了 20 世纪 90 年代中后期，日本将大众体育重心由建设公共体育设施转向体育活动组织来积极促进大众体育活动参与[7]。

从美国、德国和日本的发展历程来看，全民健身计划的开展越来越重视健身活动的主体——健身大众，重视对大众社会背景特征对健身活动的影响，重视对大众参与健身活动的促进。由此可见，对健身大众的关怀、对其参与活动的促进应是我国全民健身计划开展的重点，也是大众体育健身设施建设的目标和宗旨。

1.1.2 大众健身意识的转变

当前，大众对体育健身的需求日益增强。

首先，大众越来越重视身体健康。当前，我国总人口中只有约 20% 为健康人群，有 10% 为患疾病者，而剩下的约 70% 左右都是亚健康人群[8]。亚健康已经成为威胁生命、影响生活的重要因素，亚健康人群需要通过体育运动、健身活动来缓解身体不适应，以求逐渐达到健康状态。参与体育活动可以使人放松身心，预防疾病，增进健康，提高工作效率。因此，大众对体育健身的需求成为必然。

其次，大众越来越乐于参与体育运动。全民健身计划实施以来，体育运动的功能从竞技体育的政治、教育功能逐渐转向大众亲自参与的休闲娱乐功能。有学者认为：新时代体育运动功能将实现三个转变，由生产转变到生活、由群体转变到个体、由工具转变成玩具[9]。在竞技体育占主导地位的时代，大众与体育运动的关系是观赏和被观赏，亲自参与的机会并不多。而今随着体育运动功能的转变，大众与体育运动的关系转变成既观赏又亲自参与。大众越来越乐于参与体育运动，这也使大众对体育健身的需求不断增加。

1.1.3 大众健身空间的诉求

全民健身运动的推进和大众健身意识的觉醒，使建设满足大众体育健身需求的健身设施成为当下主要任务。城市住区内外可供大众健身的小区广场、城市公园、城市空地等户外空间是大众日常健身的主要场所，也是大众体育设施的重要组成部分，满足大众日常健身需求的城市户外健身空间设计是全民健身运动开展的有力保障，也是当下城市设计领域的重要课题之一。

当前，从健身空间使用者出发、关注不同背景人群健身需求的户外健身空间设计是大众健身设施设计的发展方向。近十几年来，国外出现大量针对使用者日常体力活动与其活动场所空间、空间要素的关系研究，研究涉及公共医疗、城市规划、建筑学等多个领域。如：Mohammed Zakiul Islam 研究不同社区空间形态与儿童户外体力活动的关系[10]；Lynnette Renee Weigand 研究公园设施、公园设计对公园内体力活动的促进作用[11]；Arleen A. Humphrey 研究社区内建成环境对社区退休后老人体力活动方式的影响等等[12]。这些研究注重使用者健身活动的调研，从统计学角度研究健身活动与城市区域、社区空间形态、空间要素、使用者背景之间的关系，以便更好促进大众健身活动。研究涉及健身设施、街道形态、辅助功能、景观、可达性、设施配置、景观设计、维护安全环境等[13]。

面对我国全民健身发展、大众需求和城市设计领域的现状，设计者应从使用者角度出发，关注使用者背景与需求，研究大众日常户外健身设施中与健身活动息息相关者，诸如可达性、健身设施、辅助功能、景观等空间要素，进而设计出更适合大众活动的健身空间。

寒地气候是我国的典型气候区域，寒地地区在我国占有较大面积的国土，寒地城市户外健身空间是寒地城市居民日常健身的重要场所，研究寒地户外健身空间中空间要素的设计对策有助于寒地城市户外健身设施建设和全民健身运动沿着健康轨迹不断发展。

本书前期研究基础是以哈尔滨为例对城市大众健身活动、健身空间、健身需求等进行调研，从而探寻对大众健身活动有重要影响的健身空间要素，给出寒地户外健身空间要素的设计对策。期望本书研究结果可以为全民健身政策制定、体育健身设施管理和健身空间规划与设计提供指导。

1.2 寒地日常户外健身活动

《全民健身计划》中没有对健身活动作出明确规定，但《城市社区体育设施建设用地指标》中提到城市居民在社区内的日常体育活动是在社区的自然空间环境和体育设施内，为满足居民体育健身、增强身体和心理健康而就地就近开展的群众体育活动[14]，包括户内体育活动和户外体育活动。本书研究的日常户外健身活动也是城市居民在住所周围“就地就近”范围进行的健身活动，它包括器械活动、广场舞（操）、练剑打拳、乒乓球、羽毛球、足球、篮球、散跑步等，下文简称“健身活动”。

与本书“健身活动”类似，国外有“体力活动”研究之说。体力活动（Physical Activity，PA）是指“任何由骨骼肌收缩引起的导致能量消耗的身体运动”[15]，其包含范围很广，如散步、健身、游泳、舞蹈等。2000 年来，国外体力活动相关研究已涉及公共健康、体育健身、规划设计等多个领域。由于国外体力活动及其设施的研究方法对本书有借鉴意义，故在此解释本书“健身活动”与“体力活动”的关系：日常生活中，按照体力活动的目的，可以分为交通性体力活动、娱乐性体力活动、职业性体力活动和家务性体力活动[16]。其中，交通性和娱乐性体力活动是与住区、城市空间环境有关的体力活动。交通性体力活动，指如为到达某一目的地所进行的走步或骑行活动；娱乐性体力活动，指在住所附近公园、绿地等场所进行的球类、器械、散步等娱乐健身活动[17]。本书的“健身活动”应为“体力活动”的一部分，属于娱乐性的“体力活动”。

1.2.1　活动种类

在前期调查中发现，哈尔滨大众日常户外健身活动主要有散步（跑步）、室外健身器械、广场舞（健身操）、太极拳（武术）、乒乓球、羽毛球、篮球（足球）、闲坐等（图 1–1）。另外，在实地调研中发现，儿童以各种游戏器械、轮滑、骑行等为主；中青年以器械健身、跑步、各种球类为主；中老年以广场舞、器械健身、散步、闲坐等为主；老年人以闲坐、散步、器械活动、太极拳、棋牌等为主。各种健身活动及其对健身空间的要求介绍如下（图 1–2）。

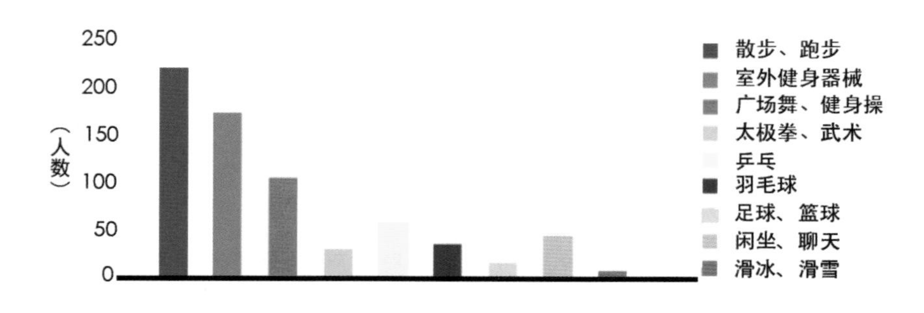

图 1-1 哈尔滨大众户外健身活动柱状图

器械活动：包括儿童活动器械和成年健身器械。儿童器械主要有游戏器械、秋千、跷跷板等。其中游戏器械、秋千、跷跷板需要健身空间提供，并划分一定区域。成人器械需要种类搭配，并配置一定面积。

单车、轮滑：儿童、青少年、中青年都可参与的自行车、滑板、轮滑等。需要有较大面积的广场。

滑冰：适合多个年龄层的冬季运动，需要提供一定面积的滑冰场地。可以在操场、广场等地进行。

球类活动：中青年尤其是青少年主要进行篮球、网球、排球、乒乓球等活动，乒乓球也适合老年人活动，这些活动都需要健身空间提供相应的活动设施。

广场舞、健身操：广场舞活动人群较多，以中老年为主，需要场所提供一定面积的空间。

太极拳、武术：调研中还发现有些中老年人群进行太极拳、练剑、书法、抖空竹等活动，这些活动可以在健身空间的空地、广场等空间进行，不需要另外提供设施，所需面积也不大。

散步、跑步：进行散步、暴走、跑步等活动的人群有青年、中年、老年等多个年龄层，这类活动需要场所提供一定的路径型空间。

棋牌、闲坐：棋牌活动主要适合于老年人，需要健身空间提供相应的桌椅或活动空间。闲坐休息、闲坐交谈也是市民健身活动的一种，需要健身空间提供休息座椅、可进入的草坪等设施。

图 1–2　当前寒地主要健身活动种类（一）

散步

棋牌

闲坐

图 1–2　当前寒地主要健身活动种类（二）

1.2.2　活动特点

活动时间： 寒地户外健身活动时间在春夏季和秋冬季存在不同，春夏季健身活动时间跨度长，从清晨 5 点到晚上 7~8 点都可以开展健身活动。秋冬季日照时间短，户外健身活动时间也变短，寒地地区在冬季下午 4~5 点就进入夜晚，再加上气候寒冷，大众户外健身活动基本停止。和其他地区相比较，秋冬季寒地户外健身活动时间跨度较小。

活动内容： 总体来看，寒地户外健身活动与其他地区有很多共同点。大妈们的广场舞、老汉们的棋牌和太极拳、青少年的球类和轮滑、幼童们的器械游戏等等当今城市大众常见的健身活动在寒地地区也比较普遍。但同时，寒地地区也存在独具特色的冰雪健身项目，如滑冰、滑雪、抽冰嘎等。寒地特色冰雪健身项目未来还有很多潜力有待挖掘，设计者应在未来提供更多空间供其发展。但进入秋冬季，一些健身活动项目开展受影响：健身器械和儿童游戏器械由于过于冰冷而使得使用率下降，棋牌、广场舞等活动也由于气候寒冷而大大缩短活动时间。

活动人群： 根据前期实地考察，目前参加户外健身活动的人群以中老年人居多，在秋冬季尤为明显。青少年和青壮年白天受到工作、学习时间约束，无法进行健身活动，在冬季晚上闲暇时间又受气候影响不具备活动条件。幼儿冬季健身活动主要集中在白天，有较充足日照时间，其他时间受气温影响也较少。

1.3 寒地日常户外健身空间

本书研究的日常户外健身空间是指大众日常在住区内或住区周围步行 15~20 分钟可达的，进行器械活动、广场舞（操）、练剑打拳、乒乓球、羽毛球、足球、篮球、散跑步等健身活动的户外场所，主要空间类型包括小区内空地、小区中心广场、住区周围的城市空地、公园、广场和可自由进出的高校校园等空间，下文简称“健身空间”。

1.3.1 空间类型

经过实地调研和访谈发现，哈尔滨大众日常户外健身多选择住区内或周边的可自由进出的场所，主要有宅前空地、小区广场、城市公园、高校校园几种类型。城市广场由于其在哈尔滨数量较少，所以大众选择较少；其他城市空地等空间类型也选择较少（图 1-3）。上述四种空间类型各有特点，详细阐述如下。

（1）**宅前空地**：这一空间类型主要体现在建于 20 世纪 80 年代和 90 年代初、全民健身运动开展之前的老旧小区。小区规划设计时并未考虑中心活动广场，导致小区居民的健身活动只能在楼下空地进行。其空间特点如下：室外活动空地少、小或被占用，多数空地上没有健身器材；有健身器材的场地，维护管理不善，各种设施残缺不全；小区维护管理较差，室外环境差、空气质量不好；室外缺乏景观小品、休息桌椅等辅助功能，如图 1-4 为这类空间的平面和实景照片实例。

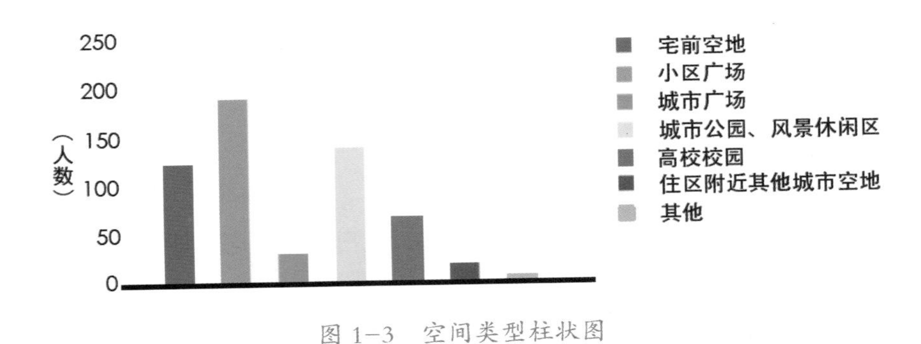

图 1-3　空间类型柱状图

信用小区平面

被占用的双杠活动区

唯一的休息座椅

图 1-4　宅前空地型健身空间实例

（2）**小区广场**：主要体现在 2000 年左右至今新建的小区，小区有中心健身广场，是小区居民日常健身活动的主要场所。同老旧小区相比，新建小区设施配置较齐全，环境好。有健身活动的空地、广场，地面铺装较完好；由于全民健身工程的开展，多数小区拥有一定数量的室外健身器械，居民日常室外器械健身可以实现；绿化、水池、喷泉景观等设施有一定配置，有良好夜间照明；室外健身凉亭、长廊等设施保障室外棋牌活动可以实现；一些小区有室外的球场，大多数为篮球场，如图 1–5 为这类空间的平面和实景照片实例。

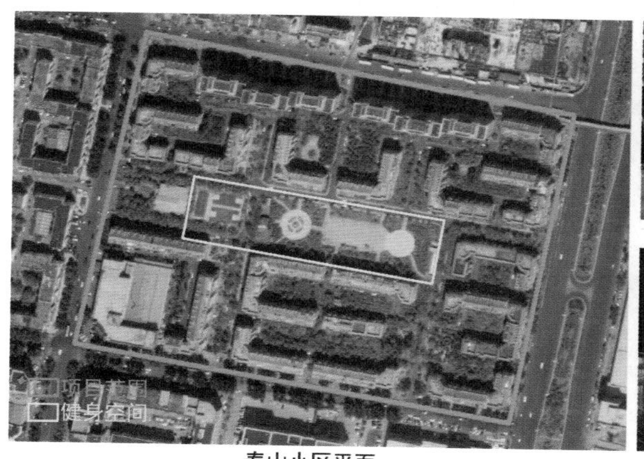

泰山小区平面

小区广场上器械

小区内球场

图 1-5　小区广场型健身空间实例

（3）**城市公园**：这类空间为住区周边面积不太大、可以为大众提供日常健身场所的中小型公园。同小区内的空间相比，这些健身空间场地面积更大；个别公园健身器械、球场等设施配置更完善；场所内绿色植物等景观设计和辅助功能更完善，如图 1–6 为这类空间的平面和实景照片实例。

（4）**高校校园**：中小学虽然有操场可供健身活动使用，但现阶段出于安全考虑不会对周围居民开放。可以自由出入的高校校园为周围住区居民提供了日常健身空间，成为居民日常健身的主要空间类型之一。这类空间环境好，有一定景观设施；场地面积较大，可以提供广场舞、散跑步、休息闲坐等多种健身活动；更有充足的跑道、球场等设施；设施维护状态好，治安环境好，如图 1-7 为这类空间的平面和实景照片实例。

建国公园平面

公园内活动设施

公园内景观

图 1-6　城市公园型健身空间实例

哈尔滨学院平面

校园内球场

校园内树林

图 1-7　高校校园型健身空间实例

1.3.2 空间问题

在问卷调研中发现，48% 大众认为现有的场地面积不足；42% 大众对现有场地环境质量表示不满，反映景观水池水太脏、卫生差，一些健身场地紧邻小吃店后院，脏乱差、空气不好；32% 大众希望室外健身器械能更完善，数量充足、品种齐全；30% 大众反映健身空间围护状态差，器械损坏无人修；8% 大众反映缺少儿童设施；10% 大众反映缺少卫生间；4% 反映缺少休息座椅；15% 大众谈到冬季气候寒冷、不方便锻炼；6% 大众认为健身空间存在不安全因素。另外，个别老年人认为健身后的休息空间应设置一些阅读学习空间，丰富空间内容；一些人对室外场地的无障碍设施提出要求，以便于坐轮椅大众也能参与到室外活动中（图 1-8）。这些问题在实地勘测中，亦有发现（图 1-9），详细阐述如下。

图 1-8 当前哈尔滨健身空间中存在的问题

（1）**锻炼场所面积不足**。这一点与国内其他城市面临现状相同，无论是小区内部健身空间还是城市中可提供的公园广场，对广大城市居民来说，健身场所还不够多，面积不足。如图 1-9 所示，市民由于没有健身场所，只能在马路上跳广场舞。

（2）**缺少儿童活动场地和设施**。缺少儿童、尤其是学龄前儿童活动设施也是当前面临的问题。即使一些设置儿童活动设施的场所，其对活动区的功能分区和安全措施考虑也尚显不足。日常类健身空间是学龄前儿童户外运动的主要场所，如果这一空间对儿童关注不足，将影响儿童的户外健身活动和身体健康。

（3）**健身器械不足**。老旧小区缺乏成人健身器材或健身器材损毁严重，一些城市公园广场、高校校园并未考虑到周围居民健身需要而未设置健身器材，导致居民健身活动无器材可练。

（4）**缺少卫生间、垃圾桶、环境卫生差**。对于公园广场和高校校园类健身空间，由于离健身大众家中有一定距离，但这些场所缺乏对卫生间的考虑，给大众健身活动带来不便。个别场所垃圾桶设置不足，导致乱扔垃圾现象多有发生。一些场所卫生太差，尤其是老旧小区的宅前空地由于日常维护太差，空间卫生环境不好。

（5）**汽车尾气等影响，导致场所空气不好**。一些锻炼场所离车行道太近，汽车尾气对健身大众造成影响。还有一些健身空间邻近下水道井、小吃店排烟道等，导致空气质量差。

（6）**休息座椅不足或设计不好**。休息闲坐、闲坐交谈也是主要的健身活动，尤其是对于年龄较大或行动不便的大众来说。但很多健身空间休息座椅设置数量不足，严重影响大众户外健身活动。也有一些场所座椅设计未考虑寒地气候特点，座椅材料采用混凝土、石材等，在寒冷季节使用困难。

（7）**场所设施维护差**。一些场所由于维护管理不到位，各类设施损坏严重。各类健身设施、景观设施缺少维护，影响健身活动也危及健身大众的人身安全。

（8）**冬季气候寒冷**。哈尔滨由于地域气候原因，冬季漫长且寒冷。寒冷的户外环境也影响哈尔滨大众冬季健身活动开展。这一点在访谈中也有体现，一些健身空间由于周围建筑高度等原因导致局部风速过大，给冬季健身活动带来不便。

（9）**存在不安全因素**。调研中还发现健身空间中存在一些不安全因素，有物理环境方面如损坏的路灯、地面的铺砖碎裂、设计不合理出现的不安全情况等，也有社会环境方面如一些场所无人看管，治安环境没办法保障，使天黑以后健身活动无法进行。

空旷广场无器械

儿童设施无软质地

空旷广场无器械

健身区布满下水道

某公园缺乏休息座椅

某公园内的石材座凳

健身器械破损

某老旧小区环境卫生差

健身区紧邻马路

图 1–9　空间现状问题（一）

某小区水池缺乏维护

某小区花坛荒废

某宅前空地地砖破损

某休闲区地面碎玻

某小区路灯破损

某小区花坛设计出现锐角

图 1-9　空间现状问题（二）

第 2 章

健身空间要素

“要素”一词在现代汉语大词典中解释为“构成事物的必要因素”[18]，在马克思主义哲学中，“要素”指构成某一事物的成分、规定或方面[19]。而“空间要素”在城市规划、建筑学科中，对不同空间范围、类型有不同的内容。在城市设计研究中，空间要素包括土地利用、空间格局、道路交通、开放空间、建筑形态和城市色彩等[20]；在城市意象研究中，空间要素包括道路、边界、区域、节点和标志物[21]；在城市公共开放空间研究中，空间要素包括功能、区位、尺度、可达性、环境质量和文化活动等[22]；在建筑内部空间研究中，空间要素包括柱、墙、窗、门、屋顶、顶棚、地面、阶梯、坡道、柱廊和平台等[23]。国外娱乐性体力活动研究中，相关的空间要素包括健身设施、空间物理环境和社会环境、空间可达性、空间景观、空间维护与管理等方面内容[24]。

本书研究的空间要素是寒地日常户外健身空间中对大众健身活动有影响的各种健身设施、空间可达性、物理环境、辅助功能、景观、维护管理和安全环境等方面的要素。

2.1 国内外对空间要素的研究

健身空间中空间要素是否对健身活动有影响，不可凭空而论。近 20 年来，随着国际学术领域对大众健身活动与健身空间关系的日益重视，国内外在对健身活动有影响的空间要素构成、空间要素评价和空间要素

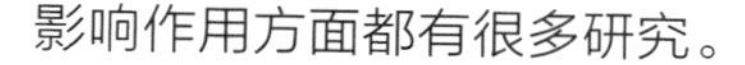

影响作用方面都有很多研究。

2.1.1 健身空间要素构成与评价研究

2.1.1.1 国外研究与分析

国外研究概况：近几年来，国外对健身空间要素构成与评价方面的研究成果颇丰。如美国针对公园、游乐场、体育场等健身空间的评价体系 RFET（Recreation Facility Evaluation Tool），包含功能设施、维护状态和安全设计方面的共 69 项空间要素 [25]；针对公园、体育设施、健身步道、教堂或学校提供场地的评价体系 PARA（The Physical Activity Resource Assessment），包含体育设施、服务设施和维护状态方面的共 41 项空间要素 [26]；澳大利亚针对城市公共开放空间的评价体系 POST（Public Open Space Tool），包含周围环境、维护状态、安全设计和健身设施方面的共 42 项空间要素 [27]；欧洲针对公园、自然景观场所的评价体系 GF（Green Flag），包含场所吸引、设施维护和景观设施等方面的共 181 项空间要素 [28]。包含上述评价体系在内的国外健身空间评价体系更详细内容见表 2-1。

国外户外健身空间评价体系一览表　　表 2-1

评价体系	空间类型	一级要素	二级要素	要素构成研究方法
RFET: 娱乐健身设施评价体系（Cavnar, 美国，2004）	公园、游乐场、体育场、水上设施、娱乐中心	功能设施；维护状态；安全设计	（69 项）餐饮设施、环境卫生、健身活动设施、景观维护、器械安全、垃圾处理、足球场、橄榄球厂、篮球场、网球场、水景观报警电话、照明等	文献综述；专家访谈；专业标准 [25]

续表

评价体系	空间类型	一级要素	二级要素	要素构成研究方法
POST：公共开放空间评价体系（Broomhall，澳大利亚，2004-2009）	公共开放空间：以公园为主[2]	周围环境；维护状态；安全设计；健身设施	（42 项）公园面积、水景、美学、树木、花园、散步小路、自行车道、草坪、宠物狗管理、涂鸦、排泄物、儿童游戏器械、操场地面、野餐桌椅、停车位、卫生间、咖啡处、公共交通、座椅、垃圾桶、宠物饮水处、饮水设施、灯光、安全视线、斑马线、步行标志等	未见发表
PARA：体力活动设施评价体系（LEE，美国，2005）	健身俱乐部、公园、体育设施、健身步道、社区中心、教堂和学校提供场地	体育设施；服务设施；维护状态	（41 项）棒球场、篮球场、足球场、自行车道、锻炼设施、游戏器械、游泳池、散步路、沙盒、网球、小径、凳子、淋雨设施、入口设施、噪声影响、维护管理等	13 个低收入社区中 97 处活动场所的实地调研[26]
EAPRS：公众健身空间环境评价体系（Saelens，美国，2006-2011）	公园	健身步道、一般场地、水体设施、餐饮服务、功能设施、休息设施、景观设施、可达性；信息标识、安全设计	（646 项）道路铺地、座椅、可进入性、标识设计、安全舒适、开放空间、草坪、灌木丛、游泳池、喷泉、餐饮设施、售卖、就餐区、休息室、遮阳设施、娱乐场地、景观、美学、信息公告等	针对公园管理者和公园使用者的问卷调查[29]
BRAT-DO：公园物理、社会环境评价体系（Bedimo-Rung 美国，2006）	公园	信息标识；功能设施；水体设施；休息设施；餐饮服务；景观设施；停车设施；职员服务	（181 项）橄榄球场、棒球场、篮球场、足球场、路径、游戏操场、绿色开放空间、高尔夫球场、游泳池、动物园、安全措施、宠物管理、灯光、遮阳、噪声、可达性、门禁、景观吸引力、气味、垃圾、排泄物、涂鸦、垃圾桶、餐饮设施、危险废弃物、休息室、餐桌等	专家打分法（德尔菲法）[30]

续表

评价体系	空间类型	一级要素	二级要素	要素构成研究方法
GF:“绿旗”评价体系（Green Flag, 欧洲, 2006）	公园、自然景观场所[6]	场所吸引；设施维护；安全与隐私；建筑与景观；周围环境；对历史、自然环境的关注；社区介入；管理服务	（27项）未见报道	官方标准
NGST: 社区公园评价体系（Gidlow, 英国，2012）	社区公园	可达性与周围环境； 公园活动面积； 功能配置与特点； 安全设计	（28项）入口数量、步行到达设施、健身活动设施、开放空间、座椅、垃圾桶、照明、草坪、树木、花卉、水景、涂鸦、碎玻璃、噪声等	以往评价工具；焦点小组讨论；实地调研[31]

国外研究特点：国外在空间要素评价体系及要素构成方面研究的特点如下：

1）要素构成：虽然不同的评价体系其一级要素和二级要素有所不同，但总的来说，其一级要素构成相差不大，主要集中在可达性、健身活动设施、服务设施、景观设施、环境质量、维护管理、安全保障、标识设计等方面。而二级要素构成因为评价体系和评价详细程度的不同导致数量差异较大。

2）要素构成研究方法：通过对评价体系研究者发表论文的研究我们发现其要素构成研究方法主要为如下方法中的一种或几种：文献综述法——对影响大众健身活动的空间要素的研究文献进行综述、总结（如RFET）；借助原有规范（如GF、NGST、RFET）；德尔菲法——专家讨论或对空间要素打分（如BRAT-DO、RFET）；焦点小组——由专家、健身空间管理者和使用者分组讨论（如 NGST）；问卷调研——对使用者、管理者等的问卷调研（如 PARA、EAPRS、NGST）。其中，文献综述法与借助原有规范的方法需要有前期的研究做基础，可以帮助研究者快速建立要素构成集合；德尔菲法由专家讨论可以从专业角度出发，但也难免有些主观和脱离使用者意见，而焦点小组统筹专家、管理者和使用者三者意见，一定程度上减弱主观倾向，但对大量使用者的考虑还显不足；以使用者为主的问卷调研可以从需求出发、最大限度地了解使用者喜好，但若能从专业角度去整合，结果会更好。

3）空间类型：国外现有评价体系涉及的健身空间类型有公园、自然森林以及其他开放空间和体育场所，以城市中大众户外健身活动场所为主。这些空间类型虽然与国内健身空间类型不尽相同，但也对我国此类空间研究有很大借鉴意义。

4）国家分布：目前对健身空间的评价研究主要集中在美国，其次是澳大利亚和欧洲，其他地区暂未见成熟的评价体系。这也可见我国在此领域研究的紧迫性和必要性。

2.1.1.2 国内研究与分析

国内研究概况：国内也有一些城市大众体育健身空间要素的构成与评价方面研究：王茜[32]在城市健身空间评价体系研究中采用德尔菲法将可达性、中心性、自然环境和人文环境等空间要素作为评价指标。全玉婷[33]在研究社区体育设施可达性时将体育设施可达性分为体育设施吸引力和交通距离两种要素。常乃军[34]等将城市体育生活空间构成要素分为物质环境要素和社会文化要素两大类。其中，物质要素包括场所位置、规模、景观、环境、基础设施、体育器材和体育用品；社会文化要素包括场所秩序、安全、健身指导、参与热情、精神面貌、团体凝聚力、场所吸引力和体育文化等。高淼[35]在城市体育公园公共服务设施设计研究中将公共服务设施分为管理系统、服务系统和交通类系统三类，其中包括防护、安全、卫生、休息、商业、游乐、运动、照明等方面的设施要素。将城市体育公园公共服务设施设计要素总结为工业设计产品要素、景观环境要素和环境心理与行为要素三种。姬园园[36]在对体育公园景观建设的评价中采用SBE法对体育公园中植物景观特性、运动场地设施、小品景观进行美学量化评价。其评价指标侧重于植物景观和运动场地、道路和建筑景观等空间要素的美学评价。空间要素指标来源是作者根据本专业知识进行建构。刘杰[37]通过专家打分法和层次分析法将体育公园中的总体布局、交通组织、地形处理、水体景观、场馆建设、景观小品、道路广场、植物景观等空间要素作为体育公园景观满意度评价的指标。

徐伟伟[38]在体育公园使用后评价研究中将公园整体环境品质、建筑小品及设施、水体景观和植物景观作为评估要素，指标来源基于文献研究、专家打分并结合被访者反映的实际问题，如表2–2所示。李丰祥、宋杰[39]将场馆设施、生态环境、综合管理和体育文化氛围作为社区体育健身环境的评价指标。张枝梅[40]等从体育专业角度将健身活动多样化、体育设施方便化、健身服务科学化、健身器材家庭化和体育人口合理化作为体育生活化社区的评价指标。

国内研究特点：国内研究成果尚显不够成熟，但从上述成果可以看出国内研究具有如下特点：

1）要素构成：除了徐伟伟对体育公园使用后评价的空间要素指标侧重于空间要素设计之外，其他评价体系因专业不同空间要素指标构成差异较大。

徐伟伟对体育公园使用后评价采用的评价因素　　表 2-2

一级要素	二级要素
整体环境	景色优美度、环境安静度、景观生态性、人文景观丰富度、园内安全感（无障碍设计及设施安全性）、园内卫生
建筑小品及设施	体育场馆功能及特色、雕塑小品的设计特色、运动设施数量形式位置、休息设施（如凉亭、花架、座椅）的数量形式位置、餐饮设施（小卖部餐厅等）的便捷性、公园服务设施（照明、边圾箱、厕所）的便捷性、路标说明牌的引导性
水体景观	水体附近安全性、驳岸处理、水质、水边休息设施
植物景观	植物配置疏密度、植物种类、植物生长态势、植物遮阴功能、植物季相变化

2）**要素构成方法：**从研究方法来看，国内评价体系实证研究不足，其要素指标来源大多是基于文献研究和研究者自身的专业意见，指标集的建构偏于主观也缺乏对使用者意见的考虑。

3）**研究内容：**国内研究主要集中在体育公园、社区体育和城市健身空间的评价。前者多来自规划设计专业，评价侧重于景观方面或使用后评价；后二者多来自体育专业，侧重于体育生活组织和体育设施管理方面的评价。

4）**空间类型：**国内研究的空间类型主要为社区内的体育设施和体育公园。但社区体育设施研究中对空间设计关注度不够。

2.1.2　健身空间要素影响作用研究

2.1.2.1　国外研究与分析

国外研究概况：十几年来，国外出现很多基于使用者调研的空间要素对健身活动影响作用研究。例如：Deborah A.Cohen[41] 通过对 51 位公园管理者、4257 名公园使用者和 30 个公园的调查，研究空间要素和居民使用公园频率、健身活动水平的关系。研究结果发现公园的体育设施、步行路、草坪和游戏场地使用率最高，个别区域使用受性别影响，使用者安全感在人口密度高的社区有所降低。Lynnette Renee Weigand[42] 通过实地考察 5 个社区公园、观察公园内健身活动和访谈公园使用者、管理者的方法研究公园内的健身活动、使用与公园空间特征的关系。Andrew T. kacznski[43] 通过对 33 个社区公园 380 名使用者的调研，运用回归分析方法研究公园大小、公园设施数量、服务半径与健身活动的关系。Gavin R. Mc Cormack[13] 以文献回顾方式研究健身公园内各类设计要素。Diaan Louis van der Westhuizen[44] 从空间和场所角度研究社区可达性、步行系统和健身活动的关系，进而指导城市设计。Mohammed Zakiul Islam[10] 通过对 7 个社区、109 名 10~12 岁儿童调研，通过统计分析研究空间要素、空间形态、使用者背景与健身活动的关系。Birthe Jongeneel-Grimen[45] 等人通过对比前后不同时期的居住区环境及居住区内健身活动来研究环境要素与健身活动的关系。Takemi Sugiyama[46] 研究社区内开放空间的空间特征与老年人散步活动的关系。Amy V. Ries[47] 通过对 329 名青少年的调研，研究城市青少年健身活动与公园使用的关系。Myron F. Floyd[48] 通过对 2712 个儿童、青少年和 20 个公园的调研，研究儿童和青少年在公园内的健身活动。Arleen A. Humphrey[49] 通过对 127 位老人的问卷调查研究社区内建成环境对行动不能自理老年人体力活动行为的影响。除了以上研究，本书整理了国外空间要素对体育活动影响的其他研究成果，整理如表 2-3。

国外空间要素对健身活动影响研究一览表 表 2-3

作者（年份）	“有正向影响”的空间要素	“无影响”的空间要素	“有负向影响”的空间要素
Amy V. Ries, M.H.S, Ph.D.(2009)[47]	公园可达性；公园质量；交往特性	心理上可达性；对治安环境的感知	
Adams et al. (2008)[50]			废弃的操场；没有秋千；可达性差；乱涂乱画
Deborah A. Cohen(2009)[51]	公园大小；对低安全性的感知	社区人口密度；社区贫困水平；安全感知；宣传公告栏	
Corti et al.(1996)[52]	场所有趣；不同路径；散步（自行车）路径；儿童健身设施；辅助功能；公园大小；野餐烤肉场所；良好可达性；美学设计；湖泊水池等；树木；花卉		大量交通；乱涂乱画；维护差；狗的排泄物；面积太小；设施不足
June Tester(2009)[53]	游戏场地		
Cutt et al(2008)[54]	野餐区域；交往空间；座椅；散步路；草坪；开放空间设计；喷泉；人性化标识；宠物垃圾桶；宠物游戏器械；乔木或灌木；有吸引力的场所；照明；围栏		质量差的散步路；邻近车流量大道路；
Myron F. Floyd (2011)[55]	娱乐设施的数量		
Day(2008)[56]			地面不平坦；宠物排泄物；乱涂乱画；碎玻璃；不安全
Ariane L. Bedimo-Rung(2005)[57]	各种设施； 维护条件；可达性；美学设计；安全		

续表

作者（年份）	“有正向影响”的空间要素	“无影响”的空间要素	“有负向影响”的空间要素
Evenson(2002)[58]	促进家庭活动的公园（包括幼儿活动区域）		邻近性差；不安全
Anna Timperio（2008）[59]	游戏场地；树木；遮阳设施；宠物标识		小径两侧的灯光；娱乐设施数量
Gearin and Kahle(2006)[60]	篮球场；足球场；喷泉；野餐桌；考虑非正式运动的多用途设施；野生动物；草坪；植物；花卉；		环境脏；排泄物；维护差；没有归属感；噪声；过量交通；烟雾
Griffin et al.(2008)[61]			暴力犯罪；开车才可达
Karen Witten（2008）[62]	休息凳子	可达性	
Henderson et al.(2001)[63]	喷泉；活动器械；器械说明标识；安全感；隐私		开车才可达
M. Hillsdon (2006）[64]		到达健身空间的距离；开放空间的大小、质量	
Krenichyn(2006)[65]	自然小山；弯曲连续的路径；饮水处；淋浴；地形轮廓丰富；台阶；可达性好；自然景观；绿植；色彩多变；新鲜空气；夏季凉爽；树木；花卉；草坪		来自男性的骚扰；路径上的骑行者
D. Crawford（2007）[66]	辅助功能；游戏场地；看护视线；800m 可达距离（针对女孩）		辅助功能；遮阳设施；宠物标识（针对男孩）
Kruger and Chawla(2005)[67]	足球场；游泳池；网球场；游戏器械；环境卫生；公园四周的围栏		堆满垃圾的垃圾桶；排泄物；不安全；没有归属感；噪声

续表

作者（年份）	“有正向影响”的空间要素	“无影响”的空间要素	“有负向影响”的空间要素
Billie Giles-Corti（2002）[68]	空间可达性；邻近性		
Lloyd et al.(2008)[69]	活动器械；体育场地；和宠物游戏的场所；可攀爬的树木；走路可达；野生动物；新鲜空气；噪声少；感觉安全		不适合年龄的运动器械
Billie Giles-Cort（2002）[70]	可达性；面积足够大的开放空间		
Ries et al.(2008)[71]	适合年龄的器械；健身设施，包括：开放场地、篮球场、网球场、游泳池、路径；淋浴处；喷泉；邻近住处；花卉；树木；安全；照明		运动场损坏；灯具损坏；操场不平整；缺少草坪；乱涂乱画；废弃物；隐蔽的路径或区域；噪声；治安不好
Takemi Sugiyama（2013）[72]	绿色开放空间的邻近性		
Sanderson et al.(2002)[73]	儿童游戏器械；环境卫生好		维护差；器械差；垃圾
Strath et al.(2007)[74]	网球场；多用途路径（散步、跑步、自行车）		
Tucker et al.(2007)[75]	水景观；水池；遮阳设施；秋千；适合年龄的器械；野餐桌；饮水处；邻近性；环境卫生好；照明		危险碎片；限时的设施
C. Boldemann（2011）[76]	绿树环绕		
Veitch et al.(2006)（2007）[77][78]	游戏场地；自行车路径；野餐设施；清洁的淋浴间；		陌生人；交通影响；流浪汉；通

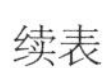

续表

作者（年份）	"有正向影响"的空间要素	"无影响"的空间要素	"有负向影响"的空间要素
Veitch et al.(2006)（2007）[77][78]	遮阳设施；开放空间；邻近性；自然景观，包括：可攀爬的树、可做迷藏的灌木丛、球场等；充满吸引力的花园		往健身空间的路上有过多车辆干扰；可达性差；器械单一
Takemi Sugiyama（2008）[79]	通往开放空间道路环境好；设施好；空间有吸引力		
Wilbur et al.(2002)[80]			不安全；没有归属感
Andrew T. Kaczynski（2011）[81]	安全感知；美学；公园大小与数量；空间节点；邻近性		
Yen et al.(2007)[82]	维护好；监管到位		不安全；噪声；不文明行为；废弃物
Jasper Schipperijn（2013）[83]	面积；散步或单车路径；灌木丛；水景；灯光；吸引力场所；自行车架；停车位		
Fredrika Mårtensson（2014）[84]	绿植、建筑、邻近性		
Emma Coombes（2010）[85]	可达性		
Benedict W. Wheeler,（2010）[86]	绿色开放空间（针对男孩）		
Kelly R. Evenson（2002）[87]			缺少公交服务；没有人行道可达；离住所太远；乱跑的狗；车辆对步行的干扰；不安全的治安环境；一个人独行

本书还研究整理了国外研究中空间要素对健身活动影响的测量方法如表 2-4。

国外研究中空间要素对健身活动影响的测量方法　　表 2-4

类别	测量内容	测量方法	特点
空间要素	空间要素的质量测量、评价	采用问卷调研的方式，获取基于大众感知的主观质量评价	从大众视角出发，充分考虑大众感受，同时适用于无已成形评价体系可用的情况
		采用已有评价工具PARA\EAPRS 等，由专业人士进行较客观评价	现有评价体系可以适用，但由于各评价体系适用地区、国家、人种等不同，这种方法使用范围小，局限性大
健身活动	时间、频率、强度	大众自测问卷	可以测量各种类型的健身活动，但应用于测量时间和频率的较多，测量强度的精确度不如仪器测量
		仪器测量：如计步器等	适用于单项的健身活动的测量，如计步器用于测量走步类的活动，测量更精确，但测量活动种类受限较大

由表 2-4 可知，国外空间要素对健身活动影响的测量方法已经比较成熟。空间要素测量中，采用问卷方式基于大众主观的测量应用较多，这种方法不受无成熟评价体系的约束，适用范围较广，可以充分考虑使用者感受，这也是比较适合我国当前现状的测量方法。健身活动测量中，因为大众自测问卷的方式受限制少、适用活动类型较多而被广泛采用，此种方法对我国有借鉴意义。

国外研究特点：

（1）研究视角方面，国外更注重从使用者角度去研究，分析使用者的活动规律、喜好、需求、社会背景特征等，更有许多针对不同社会经济地位的使用者的专门研究。

（2）研究方法方面，国外研究大多采用定量或定量与定性相结合的方法，采用针对使用者调研的定量分析方法居多。具体研究步骤多是从实地调研或问卷访谈出发，通过统计学方法对数据进行分析，然后对统计结果进行讨论。

2.1.2.2 国内研究与分析

国内研究概况：近几年国内也有少量研究：鲁斐栋[88]等在文献综述中指出公园、广场等公共空间中的运动设施、灯光质量、水体和草地设计、周围环境等对健身活动有影响。刘松等[89]在研究城市健身空间时提到的与体育健身相关的要素是包含高尔夫球场在内的健身娱乐设施和公园。刘杰[1]在体育公园景观重要性评价中认为区位交通、体育服务、配套服务和景观设计是影响游人在公园中活动的外部要素。

国内研究特点：国内研究大多出自体育专业研究人员之手，其更关注和体育活动组织相关的内容，空间要素方面比较薄弱。个别设计专业针对体育公园研究更侧重于景观方面。和国外相比，我国空间要素研究尚显不足。国内工作实证研究不足且缺乏对使用者意见的考虑。和国外大量定量研究相比，国内大多是定性研究。因此，利用对使用者调研数据进行定量研究，对我国这一领域十分必要。

2.1.3 国内外研究的启示

上述国内外相关现状研究与分析对本书有如下启示：

（1）研究的代表性：无论空间要素构成与评价，还是空间要素的影响作用研究，我国都起步较晚。另外，不同地区、人口背景、地理气候条件制约下的空间要素研究应区别对待。中国幅员辽阔、人口众多、各地区气候差异较大，不同地区的大众日常户外健身空间要素构成、评价及影响作用都值得深入研究。哈尔滨作为我国寒地地区最主要的城市，其空间要素研究具有一定代表性，同时也可以为其他地区研究提供借鉴。

（2）研究视角：国外对空间要素研究大多以健身空间的使用者——大众为研究视角，从分析大众的社会经济背景、健身活动特征、心理感知与需求等出发进行研究，而我国此领域研究对大众调研和关注度不足。由此可见，无论是考虑本书的研究背景，还是考虑当下我国的研究现状，对空间要素的研究都应加大对健身大众的调研，并考虑大众社会经济背景、活动特征、心理感知与需求等与健身活动及空间要素的关系。

（3）研究方法：和国外相比，我国空间要素研究以定性方法居多，而以定量的实证研究不足，探索此领域的定量研究方法十分必要。空间要素构成与评价研究，由于没有前期研究和规范标准作为参考，所以德尔菲法、焦点小组和问卷调查法比较适合我国研究。而从几种方法特点来说，将德尔菲法或焦点小组与问卷调查结合起来，应该是比较全面、客观的研究方法。空间要素影响作用研究，也应在建立空间要素构成基础上，通过大量调研用定量方法得出。根据表 2-4 的分析，采用基于大众主观感知的问卷调研对空间要素进行测量和采用大众问卷自测方式对健身活动进行测量是适合我国当前现状的研究方法。

2.2 本书研究的空间要素

本书在前人研究基础上，通过设计问卷、对调研数据进行分析，得出当前寒地地区对城市大众户外健身活动有影响的空间要素构成。

通过实地考察发现哈尔滨日常户外健身空间存在的现状问题涉及健身设施数量及种类、辅助服务设施、维护与管理、安全环境、气候因素等方面。由于我国在此领域无成熟规范和充足的前人研究成果，所以本书将通过焦点小组讨论和针对大众的问卷调查进行，焦点小组讨论结果将用来指导调研问卷设计。

2.2.1 问卷设计

2.2.1.1 焦点小组讨论

（1）前期准备和实施

设置焦点小组的目的是帮助研究者在专业知识引导下获取日常户外健身空间中与健身活动相关的空间要素构成提纲。焦点小组主持人为研究者本人，调查对象全部是与户外健身空间相关领域人员。每组调查对象为 8 人，分别来自规划、设计、管理以及使用方面各 2 人，共有 3 个小组。焦点小组在环境安静、无人打扰情况下进行讨论，每个小组讨论时间为 1~1.5 小时。与讨论主题相关的讨论指南由研究者根据前期实地考察和查阅文献而设计，具体内容围绕大众日常户外健身空间中影响大众健身的相关空间要素而展开，本讨论的主题概要总结如下：

（a）空间中影响大众健身的空间要素主要有哪些方面？（可以适当启发，如健身设施、景观设施、卫生环境等）

（b）与健身直接相关的场地面积、健身器械、休息座椅、儿童设施等要素具体有哪些？

（c）公园、广场等健身空间中如卫生间、垃圾桶等辅助健身活动的设施有哪些？

（d）哪些涉及维护管理的要素与体育活动有关？

（e）哪些威胁到人身安全的环境要素会影响到健身？

（f）哪些与气候相关的要素会影响健身？

（g）还有哪些其他空间环境要素会影响健身？

研究者对讨论过程进行记录，并在讨论后对讨论结果进行整理和归纳，找出讨论中的关键词和主题词，确保得出与主题相关的真实信息。

（2）访谈结果整理

通过归纳整理，研究得出健身空间中与健身活动相关要素集合如表2-5，该集合由7个一级要素和44个二级要素构成。

焦点小组讨论结果一览表　　表2-5

一级要素	二级要素
I_1 健身设施	X_1 儿童设施；X_2 勿扰儿童；X_3 儿童安全；X_4 成人器械；X_5 器械说明；X_6 空地广场；X_7 空地面积；X_8 互不干扰；X_9 乒乓球；X_{10} 羽毛球；X_{11} 足球篮球；X_{12} 散步小路；X_{13} 跑步空间；X_{14} 休息座椅；X_{15} 座椅材料

续表

一级要素	二级要素
I_2 可达性	X_{16} 车辆干扰；X_{17} 方便到达；X_{18} 道路环境
I_3 物理环境	X_{19} 车辆噪声；X_{20} 空气质量；X_{21} 夏季遮阳；X_{22} 冬季挡风
I_4 辅助服务	X_{23} 卫生间；X_{24} 阅读展览；X_{25} 下棋桌子；X_{26} 放物桌子；X_{27} 饮水设施；X_{28} 售卖设施；X_{29} 垃圾桶
I_5 景观设计	X_{30} 自然景观；X_{31} 人工景观；X_{32} 植物景观；X_{33} 建筑景观；X_{34} 冬季景观
I_6 环境维护	X_{35} 辅设维护；X_{36} 草木维护；X_{37} 建施维护；X_{38} 环境卫生；X_{39} 积雪清理
I_7 安全保障	X_{40} 夜间照明；X_{41} 地面安全；X_{42} 社会治安；X_{43} 设施安全；X_{44} 警告标识

2.2.1.2 要素重要性评价

根据上述焦点小组讨论的要素构成集合，本书设计基于使用者的空间要素重要性评价问卷，详见附录 1，期望通过对此次问卷数据的统计分析，用定量方法建立日常户外健身空间要素构成集合和要素评价体系。

为了解受访者对日常户外健身空间中各类空间要素重要性的主观感受，问卷首先让受访者对其日常到访的户外健身空间要素重要性进行评价。评价采用李克特量表法进行测量。李克特量表法（Likert scale）是专题研究中常用的态度量表法，由美国社会心理学家 Rensis Likert（1970）发展所得[90]，是目前社会调查研究中使用最广泛的由一组陈述组成的心理反应量表。受访者以同意或不同意对一些态度、对象、个人或事件加以评价。李克特量表通常有 5 点或 7 点，本书采用的是 5 点李克特量表。5 点李克特量表（5points Likert scale）中每一陈述有 5 种回答，分别记为 5、4、3、2、1，代表受访者对该项陈述的认同程度。

空间要素重要性评价分 5 个等级，分别为：毫不重要、不太重要、一般重要、比较重要、非常重要，如表 2-6 是健身空间可达性要素重要性评价示例。

受访者对健身空间可达性要素的重要性评价示例　表 2-6

	空间要素	毫不重要	不太重要	一般重要	比较重要	非常重要
您认为您日常户外健身、锻炼场所中如下要素的重要性是？（请打√）	1、通向场所的步行路上没有过多的机动车干扰	□	□	□	□	□
	2、步行很快（5~15 分钟）即可到达，很方便了解健身空间的行进路线、入口位置	□	□	□	□	□
	3、通向场所的步行道路环境很好（如卫生清洁、风景优美、街道景观吸引人等）	□	□	□	□	□

2.2.1.3　个人资料调查

本次问卷还调查了受访者的个人基本资料，包括：年龄、性别、职业、收入、受访者健康状况等几方面信息（表 2-7）。在对年龄划分中，本书综合中国和联合国卫生组织年龄划分情况，将年龄做如下划分：0~12 岁儿童；13~18 岁青少年；19~35 岁青年；36~50 岁中青年；51~65 中老年；≥ 66 岁老年。在问卷访谈中主要受访对象为后五个年龄段，由于 0~12 岁儿童填写问卷困难，故这部分数据通过对家中有儿童并近一年内陪其到健身空间超过 3 次的受访者进行收集。

对受访者个人资料的调查　　表 2-7

基本资料	受访者信息
年龄（岁）	□ 0~12 □ 13~18 □ 19~35 □ 36~50 □ 51~65 □ 66 岁及以上
性别	□男 □女
职业	□政府机关或事业单位负责人 □专业技术人员（教师、医生、工程师等） □军人 □政府机构或事业单位普通公务员 □商业个体 □学生 □其他
收入	□ 2000 元以下 □ 2000~5000 元 □ 5000~8000 元 □ 8000 及以上
家中有否儿童（0~12 岁）并近一年内陪其到健身空间超过 3 次	□有 □否
健康状况	□良好 □一般 □不太好

2.2.2 调研实施与问卷检验

2.2.2.1 调研实施

空间要素构成调研时间为 2014 年 5~7 月之间。选择这一时间，是因为这一时间天气较好、气候温和，户外健身大众较多，便于调研的开展和实施。

正式问卷发放地点在实地考察地点中选取 16 处场所，包括老旧小区、新建小区、城市公园、高校校园各 4 处。其中老旧小区为辽河小区、宣西小区、耀景小区、西沟街小区；新建小区包括西典家园、大众新城、盟科视界和睿城小区；高校校园包括哈尔滨学院、哈工大 1 区、哈工大 2 区和东北农业大学校园；城市公园包括黄河公园、古梨园、清滨公园和建国公园。这些场所类型代表了当前哈尔滨大众日常户外健身活动的主要空间类型。在每次正式问卷发放之前均先发放 20 份问卷进行初步试验（pilot test），对不合理处进行修改。受访者在调研场所随机选择，问卷当场或隔日回收。调研发放问卷 450 份，回收有效问卷 424 份，回收率为 94.2%。

调研统计受访者信息如表 2-8，从表 2-8 可以看出，调查问卷覆盖了少年、青年、中年、中老年和老年人等各个年龄层次，有 50.9% 的受访者家中有 0~12 岁儿童并近一年内陪伴其到过健身空间 3 次以上，所以该问卷涵盖了各个年龄层次大众的需求信息。另外，性别分布较均匀，学历、职业也涵盖较全，绝大多数受访者身体健康状况处于中上等水平。问卷信息可以代表当前哈尔滨大众对日常户外健身空间要素重要性的评价。

被调查者信息统计表　　表 2-8

		数量	百分比
性别	男	200	47.2%
	女	224	52.8%
年龄（岁）	13~18 岁	70	16.6%
	19~35 岁	121	28.5%
	36~50 岁	93	21.9%
	51~65 岁	75	17.7%
	66 岁及以上	65	15.3%
职业	政府机构或事业单位负责人	52	12.2%
	专业技术职业（教师、医生等）	101	23.8%
	军人	5	1.2%

续表

		数量	百分比
职业	政府机构或事业单位普通公务员	65	15.3%
	企业或个体商业	74	17.5%
	学生	99	23.4%
	其他	28	6.6%
学历	专科及以下	201	47.4%
	本科	173	40.8%
	研究生	50	11.8%
健康状况	良好	196	46.2%
	一般或亚健康（身体有时会有轻微不适）	152	35.9%
	不太好（有慢性病）	70	16.5%
	很差	6	1.4%
家中有儿童（0~12岁）并近一年内陪其到健身空间3次以上	有	216	50.9%
	否	208	49.1%

2.2.2.2 问卷检验

为了保证问卷数据有效性，研究对问卷数据进行信度和效度检验。

（1）信度检验

信度（Reliability），简单来说就是数据测量结果的稳定性，根据研究内容不同信度分为内在信度和外在信度。检验内在信度就是检验量表中全部或一组问题测量某个概念的一致性，检验外在信度就是检验不同时间进行测量的问卷结果一致性，适用于用同一问卷在不同时间测量进行比较的研究。本书的研究不涉及对不同时间同一对象进行测量并研究的情况，故仅对问卷结果的内在信度进行分析。

检验内在信度一般采用克朗巴哈 α（Cronbach's α）系数进行检验。由于本书量表较为复杂，共有包括健身设施、可达性、物理环境、辅助功能、景观设计、维护管理和安全保障等多个问题组下的 44 项题目，所以此信度分析不仅分析整个量表的信度，也分析了每一问题组的信度，并检验 44 项题目的"校正的项总计相关性"和"项已删除的 Cronbach's α 值"进行深入分析。一般来说，$\alpha \geqslant 0.9$ 表示量表信度甚佳；$0.9 > \alpha \geqslant 0.8$ 表示信度可接受；$0.8 > \alpha \geqslant 0.7$ 表示量表应进行修改，但仍然有价值[91]。此次问卷整个量表信度分析的克朗巴哈 α 系数为 0.949，表明信度非常好。每一个问题组的信度分析结果见表 2-9。

样本信度分析　　表 2-9

一级要素	Cronbach's α	二级要素	校正的项总计相关性	项已删除的 Cronbach's α
健身设施	0.872	X_1 儿童设施	0.595	0.948
		X_2 勿扰儿童	0.575	0.948
		X_3 儿童安全	0.569	0.948
		X_4 成人器械	0.516	0.948
		X_5 器械说明	0.579	0.948
		X_6 空地广场	0.567	0.947
		X_7 空地面积	0.508	0.948
		X_8 互不干扰	0.505	0.948
		X_9 乒乓球	0.565	0.949
		X_{10} 羽毛球	0.541	0.949
		X_{11} 足球篮球	0.521	0.949
		X_{12} 散步小路	0.637	0.947

续表

一级要素	Cronbach's α	二级要素	校正的项总计相关性	项已删除的Cronbach's α
健身设施	0.872	X_{13} 跑步空间	0.580	0.947
		X_{14} 休息座椅	0.669	0.947
		X_{15} 座椅材料	0.563	0.947
可达	0.802	X_{16} 车辆干扰	0.558	0.947
		X_{17} 方便到达	0.518	0.948
		X_{18} 道路环境	0.623	0.947
物理环境	0.800	X_{19} 车辆噪声	0.526	0.948
		X_{20} 空气质量	0.604	0.947
		X_{21} 夏季遮阳	0.693	0.947
		X_{22} 冬季挡风	0.716	0.946
辅助功能	0.783	X_{23} 卫生间	0.630	0.947
		X_{24} 阅读展览	0.588	0.948
		X_{25} 下棋桌子	0.541	0.948
		X_{26} 放物桌子	0.540	0.947
		X_{27} 饮水设施	0.537	0.947
		X_{28} 售卖设施	0.546	0.948
		X_{29} 垃圾桶	0.541	0.947
景观设施	0.866	X_{30} 自然景观	0.551	0.947
		X_{31} 人工景观	0.555	0.948
		X_{32} 植物景观	0.562	0.947
		X_{33} 建筑景观	0.535	0.948
		X_{34} 冬季景观	0.595	0.948
维护管理	0.832	X_{35} 辅设维护	0.531	0.948
		X_{36} 草木维护	0.510	0.947
		X_{37} 建施维护	0.589	0.948
		X_{38} 环境卫生	0.553	0.947
		X_{39} 积雪清理	0.509	0.948

续表

一级要素	Cronbach's α	二级要素	校正的项总计相关性	项已删除的 Cronbach's α
安全保障	0.820	X_{40} 夜间照明	0.535	0.948
		X_{41} 地面安全	0.534	0.948
		X_{42} 社会治安	0.527	0.948
		X_{43} 设施安全	0.588	0.948
		X_{44} 警告标识	0.547	0.947

由表 2-9 可知，7 个问题组的克朗巴哈 α 系数除辅助功能为 0.783 外，其余都在 0.8 以上（0.800~0.866），由上文对 α 系数的解释可知此次问卷同一组间信度良好。“校正的项总计相关性”表示各题目与问卷总分的相关系数，若相关系数过低[92]，则表示题目与整个问卷测量目的关联不大，应将该题目删除。表 2-9 中 44 个题目的“校正的项总计相关性”数值没有出现相关系数过低的情况（0.505~0.716），说明各题目与整个问卷测量目的相关，各题目有效。“项已删除的 Cronbach's α 值”反映的是如果删除该题后 α 系数的变动情况，如果删除后系数升高代表把题目删除后量表信度会上升，这说明该量表题目区分性差、信度不好。表 2-9 中 44 个题目的“项已删除的 Cronbach's α 值”同问卷总体克朗巴哈 α 系数 0.949 相比，没有出现系数上升情况，说明各题目有效，不用删除。由以上分析可知，整个问卷信度良好，可以做下一步分析。

（2）效度检验

效度（Validity）是问卷测量结果所能反映要考查内容的程度，是指一个测量的准确性和有用性。与本书相关的效度检验是内容效度和建构效度：检验内容效度就是检验问卷能否准确测量所研究的变量和测量的程度；检验建构效度就是检验测量结果能证实或解释某一构想或概念的程度如何。

内容效度方面，本书日常户外健身空间要素初步构成先有国外此方面大量研究做基础，又有前期的实地空间问题考察作参考，还有焦点小组讨论形成初步构成集合，问卷问题可以涵盖所要测量的户外健身空间的几大基本空间要素，所以内容效度良好。

建构效度方面，本书通过提取主成分的方式研究日常户外健身空间要素构成，其研究过程即是对数据建构效度的检验，故关于问卷的建构效度将在后面分析。

2.2.3 空间要素构成分析

本书研究的空间要素由主成分分析法分析所得。主成分分析法可以利用降维的思想，把多个指标的信息凝聚在少数几个综合指标之上。在本书焦点小组讨论得出的 44 项二级空间要素即为多个指标，而 7 项一级空间要素即为拟定的综合指标。利用前述问卷调研数据进行 PCA 分析，可以重新用定量的方式对 44 项二级要素进行归类，可以进一步检验和修正前期划定的 7 项一级要素，也可以删除 44 项要素中不重要的空间要素，从而得出日常户外健身空间要素构成。

2.2.3.1 PCA 的相关概念

下面以日常户外健身空间要素为研究对象，对主成分分析中相关概念进行简要阐述。

在概念介绍之前有必要对相关数学符号进行阐述：假设日常户外健

身空间要素由 m 个指标 $X_{1,}X_{1}\cdots_{,}X_{m}$ 组成，通过对健身空间使用者进行实地调研后，每位受访者均可对上述 m 个指标分别进行主观重要性评价，其评价给出的结果就是一个独立的样本，该样本由 m 个指标值构成，是一个 m 维的向量。设共有 N 个受访者参与本次实地调研，即有 N 个样本，则可用矩阵 X 来表示这 N 个 m 维向量如下：

$$X=\begin{bmatrix} x_1^{(1)} & x_2^{(1)} & \cdots & x_m^{(1)} \\ x_1^{(2)} & x_2^{(2)} & \cdots & x_m^{(2)} \\ \cdots & \cdots & \cdots & \cdots \\ x_1^{(N)} & x_2^{(N)} & \cdots & x_m^{(N)} \end{bmatrix}^T = \begin{pmatrix} X^{(1)} \\ X^{(2)} \\ \vdots \\ X^{(N)} \end{pmatrix}^T$$

其中 $X^{(k)}=\left(x_1^{(k)} \quad x_2^{(k)} \quad \cdots \quad x_m^{(k)}\right)^T, 1\leqslant k\leqslant N$

（1）主成分

主成分分析的结果就是用尽可能少的综合指标反映事物中尽可能多的信息，取代原有庞大复杂的指标集对事物的信息描述。新的综合指标既能满足两两不相关，又能最大限度地保留和反映原有指标中的所有信息。

根据上述描述，每一个利用 PCA 得到的综合指标均被视为主成分。此时，可将所有线性组合中方差最大的综合指标 F_1 定义为第一个综合指标，方差次大的定义为第二个综合指标 F_2，依此下去，可得到最后第 p 个综合指标 F_p，其中 $p\leqslant m$。称 F_1 为第一主成分，F_2 为第二主成分，依此类推。

（2）贡献率

贡献率指的是某个主成分的方差在全部方差中的比值，值越大表明该主成分的综合信息能力越强，对事物的信息表示重要程度越大。第 k

主成分$F_k\left(1\leqslant k\leqslant p\leqslant m\right)$的贡献率就是 F_k 的方差在全部方差中的比值，设 λ_k 是第 k 个线性组合的特征根，则第 k 个主成分 F_k 的贡献率 a_k 可以定义如下：

$$a_k=\lambda_k\Big/\sum_{i=1}^{m}\lambda_i,\left(1\leqslant k\leqslant p\leqslant m\right)$$

（3）累积贡献率

累积贡献率指的是所有主成分$\left\{F_k\right\}_{k=1}^{p}$对信息表述的综合能力。设第 k 个主成分对应的线性组合的特征根为 λ_k，其贡献率为 a_k，则累积贡献率可以定义如下：

$$a_p=\sum_{k=1}^{p}a_k=\sum_{k=1}^{p}\lambda_k\Big/\sum_{i=1}^{m}\lambda_i$$

在应用过程中，对于主成分的累积贡献率都会有不同的要求，所取的累积贡献率也各有不同，研究者可以根据实际研究问题进行选取。在基于实地考察和问卷调研的日常户外健身空间要素影响分析中，考虑到空间不同要素的贡献率可能无显著差异，本书要求不低于 60%（英国 NGST 研究采用此方法研究空间要素构成及评价，其贡献率值为 62%）。

（4）适用性检验

适用性检验就是通过各种方法分析原有变量是否存在相关关系，是否适合进行 PCA 分析。如果原有变量不存在相关关系，那么 PCA 分析不能将这些原有变量转化为少数几个综合变量，也就无法进行 PCA 分析。SPSS 中提供的 KMO 统计量和 Bartlett 球形检验是常用的适用性检验统计量，本书也采用这两种统计量进行检验。

2.2.3.2 本书 PCA 的分析步骤

本书 PCA 的分析步骤如图 2-1 所示。

首先，采用 KMO 统计量和 Bartlett 球形检验来进行适用性检验；其次，通过查看累计贡献率和特征值来确定主成分及综合指标的数目；接下来通过查看主成分旋转矩阵来分析各主成分与 44 项空间要素指标之间的关系，进而确定日常户外健身空间要素构成。

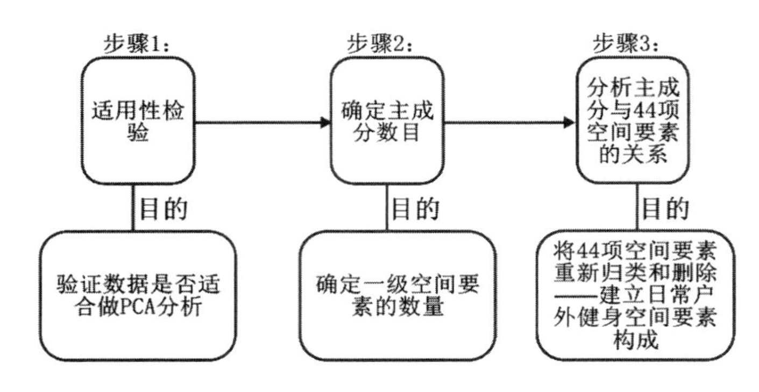

图 2-1 本书 PCA 分析的步骤

2.2.3.3 基于 PCA 的要素构成分析

为了更清晰地认识日常户外健身空间要素构成、探寻 44 项空间要素之间关系，本书试图通过 PCA 从 44 项空间要素中导出几个可以代表它们大部分信息的主成分，从而对 44 项空间要素进行归纳整理，同时也可以利用调研数据对焦点小组讨论结果进行检验和修正。研究采用 SPSS20.0 软件，用 44 项空间要素作为变量，以空间要素重要性问卷样本数据进行 PCA 分析。

（1）适用性检验

适用性检验通过 KMO 统计量和 Bartlett 球形检验来进行。KMO 统计量用于考察变量间的偏相关性，取值在 0~1 之间，其值越接近 1，证明变量之间偏相关性越强，也就越适合做 PCA 分析。一般来说，KMO 值≥ 0.7 时 PCA 分析效果比较好；若是 KMO 值 < 0.5 时说明 PCA 分析不适合[91]。Bartlett’s 球状检验是检验各个问卷中原有变量是否各自独立，如果原有变量不是各自独立则表示变量之间有相关性，可以做 PCA 分析，否则不适合做 PCA 分析。

利用 SPSS 软件，研究对问卷数据进行 KMO 检验和 Bartlett 球形检验，结果显示：KMO=0.892，接近 0.9，远大于 0.7；Bartlett 球形检验中 Sig（显著性水平）=0.000，表明各原有变量并非各自独立，检验结果证明数据非常适合做 PCA 分析。

（2）确定主成分数目

主成分数目确定取决于实际问题需要，可以按照累计贡献率大于一定百分比的原则（根据前文累计贡献率阐述，本书采用累计贡献率大于 60% 原则），也可以按照特征值大于 1 原则（SPSS 默认的主成分提取标准）。本书综合考虑二者来确定，既要求累计贡献率达到 60% 以上，又要求主成分特征值大于 1。由 SPSS 输出的样本解释的总方差结果（表 2-10）可以看出前 9 个主成分累计贡献率为 65.646%。且同时特征值均大于 1。因此，本书选择这 9 个主成分。

样本解释的总方差　　表 2-10

成分	初始特征值			提取平方和载入			旋转平方和载入		
	合计	方差的 %	累积 %	合计	方差的 %	累积 %	合计	方差的 %	累积 %
1	13.716	31.173	31.173	13.716	31.173	31.173	5.819	13.225	13.225

续表

成分	初始特征值			提取平方和载入			旋转平方和载入		
	合计	方差的 %	累积%	合计	方差的 %	累积%	合计	方差的 %	累积%
2	3.902	8.868	40.041	3.902	8.868	40.041	4.004	9.099	22.324
3	2.316	5.263	45.305	2.316	5.263	45.305	3.722	8.459	30.783
4	2.02	4.59	49.895	2.02	4.59	49.895	3.244	7.373	38.156
5	1.881	4.275	54.169	1.881	4.275	54.169	2.942	6.686	44.842
6	1.605	3.648	57.817	1.605	3.648	57.817	2.864	6.508	51.351
7	1.325	3.012	60.829	1.325	3.012	60.829	2.573	5.847	57.198
8	1.088	2.473	63.303	1.088	2.473	63.303	2.01	4.569	61.767
9	1.031	2.343	65.646	1.031	2.343	65.646	1.707	3.878	65.646
10	0.954	2.167	67.813						
11	0.857	1.948	69.761						
12	0.845	1.921	71.682						
13	0.798	1.813	73.495						
14	0.766	1.741	75.236						
15	0.731	1.662	76.898						
16	0.672	1.528	78.427						
17	0.644	1.463	79.889						
18	0.634	1.44	81.33						
19	0.565	1.284	82.613						
20	0.543	1.234	83.848						
21	0.528	1.201	85.049						
22	0.505	1.147	86.196						
23	0.48	1.091	87.287						
24	0.434	0.986	88.273						
25	0.421	0.958	89.231						
26	0.412	0.937	90.168						

续表

成分	初始特征值			提取平方和载入			旋转平方和载入		
	合计	方差的 %	累积 %	合计	方差的 %	累积 %	合计	方差的 %	累积 %
27	0.379	0.861	91.029						
28	0.367	0.833	91.863						
29	0.333	0.757	92.619						
30	0.321	0.73	93.349						
31	0.307	0.697	94.046						
32	0.276	0.627	94.673						
33	0.266	0.603	95.276						
34	0.257	0.585	95.861						
35	0.254	0.578	96.44						
36	0.234	0.531	96.971						
37	0.224	0.509	97.48						
38	0.189	0.43	97.91						
39	0.185	0.419	98.33						
40	0.175	0.399	98.729						
41	0.159	0.362	99.091						
42	0.145	0.33	99.421						
43	0.135	0.307	99.728						
44	0.12	0.272	100						

同时，SPSS 输出的碎石图（Scree Plot）也可以辅助我们进行判断。图 2-2 是本次研究的主成分特征值碎石图，它可以显示各个主成分的重要程度，其横轴为主成分序号，纵轴显示特征根大小。图形左侧陡坡显示特征根较大的主成分，说明这些主成分影响较大。右侧平缓图线对应特征根小的主成分，说明其影响较小。由图 2-2 可知：在第 9 个主成分

后图线走势变得较为平缓，说明提取这 9 个主成分来进行研究是合理的，这也验证了由表 2-10 所得的分析。

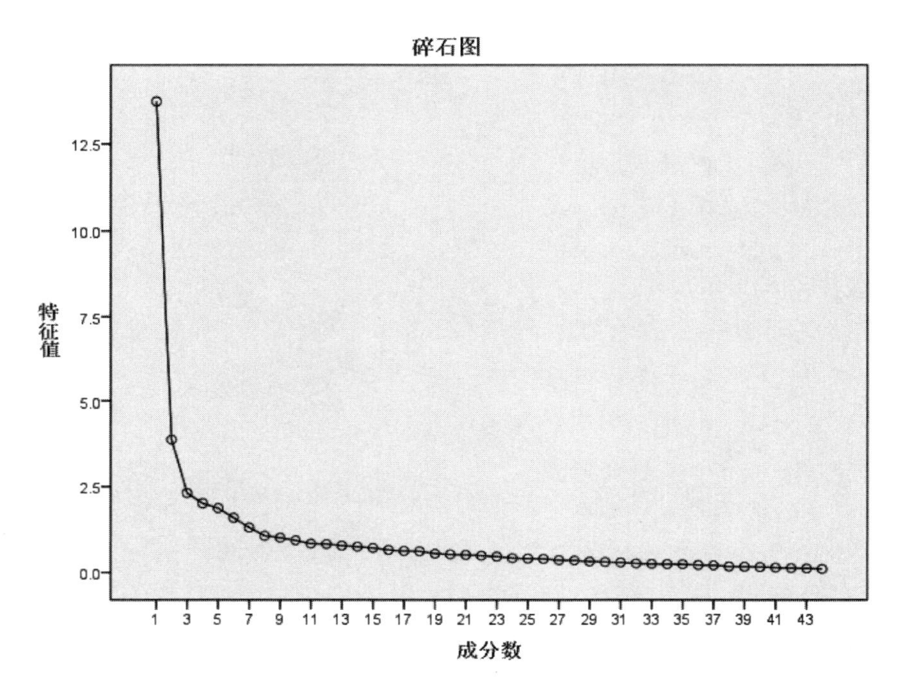

图 2-2　SPSS 输出的主成分特征值碎石图

（3）主成分与 44 项要素的关系

为解释各主成分与各项变量之间的关系，在 PCA 分析过程中可以对初始的变量因子载荷矩阵进行旋转，使主成分和各个变量因子的相关系数绝对值在（0,1）区间向两级分化，从而更方便解释主成分与变量因子之间的关系。最大方差旋转法（Varimax）是最常用的旋转方法，它可以使各主成分差异达到最大，从而更容易对其进行解释。

本书通过最大方差法旋转得到旋转成分矩阵如表 2-11，从中可以看出各主成分与研究中 44 项空间要素之间的关系。具体分析如下：

1）表中 X_{25}–X_{29} 五个要素聚集在第 6 主成分下，表明这 5 个要素有共同特质，这一结果与表 2–5 的空间要素初步构成集合是相一致的。故本书将 X_{25}–X_{29} 五个要素统一综合归入上一级要素，即“辅助功能”一级要素。

2）X_{30}–X_{34} 聚集在第 2 主成分下，表明这 5 个要素有共同特质，同样与表 2–2 结果一致，研究将其综合为“景观设计”要素。

3）X_{35}–X_{44} 聚集在第 1 主成分下，说明这些要素有共同特质。这其实是表 2–2 中维护管理要素与安全环境要素的组合。本书在此将这两项要素合并，这与实际情况也是相符的，因为安全环境保障与良好的维护管理是分不开的，所以本书把这些要素一起综合为“维护安全”要素。

4）X_1–X_{15} 分别聚集在第 3、5、7、8、9 主成分之下：X_1–X_3 主要反映儿童健身设施特质；X_4 和 X_5 主要反映健身器械特质；X_6 和 X_7 主要反映空地广场特质；X_9–X_{11} 主要反映球类设施特质；X_{12}–$X1_5$ 主要反映散步、休息类设施特质。这些要素共同特质性虽不明显，但根据实际情况，它们都为健身设施范畴。之所以没有体现在一个主成分之下，是因为大众对不同类设施需求不同而导致，故研究结合表 2–2 结果将其综合为“健身设施”要素。

5）X_{16}–X_{20} 聚集在第 4 主成分下，虽然这 5 个要素有共同特质，但研究根据实际情况将 X_{16}–X_{18} 综合为“可达性”要素，将 X_{19} 和 X_{20} 综合为“物理环境”要素。

6）X_{21} 和 X_{22} 虽然体现在第 3 主成分之下，但根据实际情况，研究将它归为“物理环境”要素；同样情况的还有“X_{23} 卫生间”和“X_{24} 阅读展览”，根据实际情况将其归入“辅助功能”要素。

7）还有一些要素如“X_8 互不干扰”和“X_{36} 草木维护”的系数由于数值太小而没有显示，表示其重要性不显著，原因可能是大众在现有健身场地不足的情况下要求并不高，研究将这些要素在构成集合中删除。

旋转成分矩阵　　表 2-11

空间要素	主成分								
	1	2	3	4	5	6	7	8	9
X_1 儿童设施							0.806		
X_2 勿扰儿童							0.828		
X_3 儿童安全							0.774		
X_4 成人器械									0.614
X_5 器械说明									0.719
X_6 空地广场								0.705	
X_7 空地面积								0.680	
X_8 互不干扰									
X_9 乒乓球					0.784				
X_{10} 羽毛球					0.836				
X_{11} 足球篮球					0.817				
X_{12} 散步小路			0.636						
X_{13} 跑步空间			0.644						
X_{14} 休息座椅			0.616						
X_{15} 座椅材料			0.724						
X_{16} 车辆干扰				0.702					
X_{17} 方便到达				0.669					
X_{18} 道路环境				0.722					
X_{19} 车辆噪声				0.618					

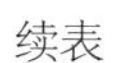
续表

空间要素	主成分								
	1	2	3	4	5	6	7	8	9
X_{20} 空气质量				0.566					
X_{21} 夏季遮阳			0.451						
X_{22} 冬季挡风			0.465						
X_{23} 卫生间			0.627						
X_{24} 阅读展览					0.520				
X_{25} 下棋桌子						0.542			
X_{26} 放物桌子						0.695			
X_{27} 饮水设施						0.708			
X_{28} 售卖设施						0.612			
X_{29} 垃圾桶						0.486			
X_{30} 自然景观		0.692							
X_{31} 人工景观		0.830							
X_{32} 植物景观		0.644							
X_{33} 建筑雕塑		0.842							
X_{34} 冬季景观		0.714							
X_{35} 辅设维护	0.569								
X_{36} 草木维护									
X_{37} 建施维护	0.628								
X_{38} 环境卫生	0.773								
X_{39} 积雪清理	0.705								
X_{40} 夜间照明	0.700								
X_{41} 地面安全	0.617								
X_{42} 社会治安	0.729								
X_{43} 设施安全	0.716								
X_{44} 警告标识	0.722								
总方差解释的 %	31.173	8.868	5.263	4.59	4.275	3.648	3.012	2.473	2.343

2.3 本书空间要素的构成

2.3.1 要素构成集合

经过上述主成分的提取与分析，研究将 44 项空间要素在定性分析基础上进行综合、归类和适当删除，得到基于使用者重要性评价意见的最终日常户外健身空间要素组成，其构成如表 2-12，该构成包括 6 项一级要素和 42 项二级要素。

日常户外健身空间要素构成一览表　　表 2-12

一级要素	二级要素		备注
I_1 健身设施	X_1 儿童设施		各种适合 12 岁以下幼儿及儿童游戏、活动的设施和场地，如秋千、沙坑、跷跷板、游戏器械、游玩场地、儿童活动球场等
	X_2 勿扰儿童		儿童活动区域不能受其他活动干扰：如设置围栏等与其他区域分隔开等
	X_3 儿童安全		保障儿童活动时的安全措施：如设置塑胶软质地面等

续表

一级要素	二级要素	备注
I_1 健身设施	X_4 成人器械	 数量充足、种类较完善的成人健身器械
	X_5 器械说明	 健身器械使用说明、注意事项等
	X_6 空地广场	 提供跳广场舞、健身操或其他活动的空地或广场
	X_7 空地面积	 空地或广场的面积足够使用者活动
	X_8 乒乓球	 提供乒乓球桌和乒乓球场地
	X_9 羽毛球	 提供不受干扰、面积足够的正式或非正式的羽毛球活动区域

续表

一级要素	二级要素	备注
I_1 健身设施	X_{10} 足球篮球	 可供踢足球或打篮球的正式或非正式场地
	X_{11} 散步小路	 可供散步、闲走的散步路
	X_{12} 跑步空间	 可供跑步运动的路径或场所，可以是与散步路结合的路径，也可以是单独设置的环形跑道
	X_{13} 休息座椅	 设置有数量充足、位置合适的可供闲坐休息的座椅
	X_{14} 座椅材料	 休息座椅采用木质等导热系数较小的材料，防止在冬季给人感觉不舒服和太凉
I_2 可达性	X_{15} 车辆干扰	 通往健身空间路上没有过多的车辆干扰或者不需要经过较多的车行路口等

续表

一级要素	二级要素	备注
I_2 可达性	X_{15} 方便到达	 健身空间距离住所不会太远，步行20分钟左右可以到达；很方便了解健身空间的行进路线、入口位置等
	X_{17} 道路环境	 通往健身空间的道路环境质量、卫生等较好
I_3 物理环境	X_{18} 车辆噪声	 健身空间内部没有太多车辆噪声的干扰
	X_{19} 空气质量	 健身空间内空气质量较好，没有太多灰尘、污染空气、不好气味等
	X_{20} 夏季遮阳	 夏季有一定遮阳措施，如遮阳的树木、花架、凉亭、建筑等
	X_{21} 冬季挡风	 冬季没有过多冷风的侵扰，场所形成背风环境或具有挡风的措施，如挡风的建筑、墙体、土坡或树林等

续表

一级要素	二级要素	备注
I_4 辅助功能	X_{22} 卫生间 	提供给健身大众的卫生间
	X_{23} 阅读展览 	可以阅读报纸或其他健身信息的阅读宣传设施
	X_{24} 下棋桌子 	画有棋盘的桌子或没画棋盘但可以兼顾下棋的桌子
	X_{25} 放物桌子 	可以放临时物品、食物的桌子
	X_{26} 饮水设施 	提供饮水或买水的设施
	X_{27} 售卖设施 	提供售卖食品或物品的设施

续表

一级要素	二级要素	备注
I_4 辅助功能	X_{28} 垃圾桶	 健身空间内数量和位置合适的垃圾桶配置
I_5 景观设计	X_{29} 自然景观	 健身空间内水域、山坡、湿地等自然景观
	X_{30} 人工景观	 假山、花坛、雕塑等人造景观
	X_{31} 植物景观	 各种树木、花卉和草坪等植物景观
	X_{32} 建筑景观	 凉亭、长廊等建筑小品
	X_{33} 冬季景观	 健身空间在冬季落叶后的景观

续表

一级要素	二级要素		备注
I_6 维护安全	X_{34} 辅设维护		夜间照明、阅读宣传牌、卫生间等辅助功能的维护，如保证灯具无破损、卫生间清洁等
	X_{35} 建施维护		儿童设施、健身器械、广场、球场等健身设施的维护
	X_{36} 环境卫生		空间内环境卫生的维护
	X_{37} 积雪清理		冬季下雪后的及时清理
	X_{38} 夜间照明		夜间照明工具数量足够、位置合适
	X_{39} 地面安全		寒冷季节、地面起坡等时场所内地面有防滑效果；地面没有危及安全的碎玻璃等危险物；地面无障碍设计

续表

一级要素	二级要素	备注
I_6 维护安全	X_{40} 社会治安	健身空间内部及周围的治安状况，如通过人工监管或电子摄像等方式监管治安
	X_{41} 设施安全	空间内的各种设施：器械、场地、座椅、建筑、景观小品等不存在危害使用者安全的隐患
	X_{42} 警告标识	对危险区域设置的警示标牌和对健身空间入口、位置、平面、使用要求进行说明的标识牌

2.3.2 要素内容阐述

（1）健身设施

健身设施一级要素共包括 14 项二级要素，这些二级要素按照提供健身活动类别可以分为儿童设施类、成人器械类、空地广场类、球类场地类、路径空间类和闲坐设施类共 6 类设施，下面一一阐述。

儿童设施类：包括儿童设施、勿扰儿童和儿童安全 3 项二级要素。儿童设施指健身空间中配备的各种适合 12 岁以下幼儿及儿童游戏、活动的设施和场地，如秋千、沙坑、跷跷板、游戏器械、游玩场地、儿童活动球场等。勿扰儿童是指儿童活动区域不能受其他活动干扰，如儿童活动区域与其他成人活动区域有分区措施，避免干扰。儿童安全是指儿童活动区域内保障儿童活动时的安全措施，如儿童区域设置安全弹性地面、安全围栏等。各类健身空间中儿童设施不足、设置不完善是当前健身空间中主要问题。

成人器械类：包括健身器械和器械说明 2 项二级要素。健身器械指健身空间内设置完好的数量充足、种类较完善的成人健身器械。器械说明是指健身空间内提供健身器械正确、安全的使用方法说明、注意事项等。器械类设施是全民健身活动中打造健身路径的重要内容，近些年健身成果很大，但仍然存在数量不足、破损严重、种类不完善等问题。

空地广场类：包括空地广场、广场面积 2 项二级要素。空地广场是指场所内设置有提供跳广场舞、健身操或其他活动的空地或广场。广场面积是指空地或广场的面积足够到来的使用者活动。这类设施较容易实现，适合健身活动较多，但面积大小需要相关标准界定。

球类场地类：包括乒乓球、羽毛球和足、篮球 3 项二级要素。乒乓球指场所内提供乒乓球案板和乒乓球场地；羽毛球是指场所内提供羽毛球场地或不受干扰、面积足够的羽毛球活动区域；足、篮球是指场所内设置可供踢足球或打篮球的场地或设施。之所以将这两种球类放到一起，是因为在小规模非正式运动中两个 3 人篮球场地刚好与一个 5 人足球场地面积相当。在现阶段用地紧张条件下，可以考虑场地的通用性。球类运动深受多个年龄层尤其是青少年、青壮年喜爱，该类设施在各健身空间内严重不足，高校校园型健身空间中虽有设置，但应在开放力度方面有所提高。

路径空间类：包括散步路径和跑步空间 2 项二级要素。散步路径是指场所内设置可供散步的景观小路、散步路等，这一路径对地面铺装、路线形状、长度设计都要求不高；跑步空间是指场内设置的可供跑步运动的路径或场所，可以与散步路结合，也可以单独设置的成环形跑道。路径空间类设施可以满足所有年龄人群的散步、跑步健身活动，并适合多种地形、设置形式多样、实用性强。

闲坐设施类：包括休息座椅和座椅材料2项二级要素。休息座椅是指场所内设置有数量充足、位置合适的座椅。座椅材料是指采用木质等导热系数较小的材料，防止在冬季给人感觉不舒服和太凉。户外闲坐、交谈也是健身活动的一部分，尤其对于大龄老人、行动不便、残障人士来说，故闲坐设施也是健身设施的重要组成部分。

（2）可达性：包括车辆干扰、方便到达和道路环境3项二级要素。车辆干扰是指通往健身空间路上没有过多的车辆干扰或者不需要经过较多的车行路口等；方便到达是指健身空间距离住所不会太远，步行20分钟左右可以到达；道路环境是指通往健身空间的路上物理环境质量较好，比如不会经过垃圾箱等环境卫生不好的区域等。这3项可达性要素影响大众前往健身空间积极性，干扰或促进大众健身活动的参与。

（3）物理环境：包括车辆噪声、空气质量、夏季遮阳和冬季挡风4项二级要素。车辆噪声指健身空间内部没有太多车辆噪声的干扰；空气质量是指健身空间内空气质量较好，没有太多灰尘、不好气味等；夏季遮阳是指夏季有一定遮阳措施，如遮阳的树木、花架、凉亭、建筑等；冬季挡风是冬季没有过多冷风的侵扰，场所形成背风环境或具有挡风措施。物理环境要素虽是描述噪声、空气、热舒适等环境质量的要素，但却与健身空间的选址、总图设计、建筑设计等息息相关。

（4）辅助功能：包括卫生间、阅读展览、下棋桌子、放物桌子、售（饮）水设施、售卖设施和垃圾桶7项二级要素。卫生间是指提供给健身大众的卫生间；阅读展览是可以阅读报纸或其他健身信息的阅读宣传设施；下棋桌子是指画有棋盘的桌子或没画棋盘但可以兼顾下棋的桌子；放物桌子指可以放临时物品的桌子，如放置野餐食物、饮品或其他个人物品等；售（饮）水设施是提供饮水或买水的设施；售卖设施是提供或售卖食品或物品的设施；垃圾桶是健身空间内垃圾桶的配置。各类辅助功能的提供可以保障和促进健身活动进行，是健身空间尤其是住区外部的城市公园、高校校园型健身空间重要组成部分。

（5）**景观设计：**包括自然景观、人工景观、植物景观、建筑景观和冬季景观 5 项二级要素。自然景观是健身空间内水域、山坡等景观，自然景观设置取决于健身空间的地形地貌；人工景观是健身空间内的假山、花坛、雕塑等景观；植物景观是空间内的各种树木、花卉和草坪等景观；建筑景观是场所内凉亭、长廊等建筑小品；冬季景观是指健身空间在冬季落叶后的景观。各类景观在健身空间中令健身大众赏心悦目，体现健身大众的审美需求。

（6）**维护安全：**包括辅设维护、建施维护、环境卫生、积雪清理 4 项维护二级要素和夜间照明、地面安全、社会治安、设施安全、警告标识 5 项安全要素。辅设维护指各种辅助功能的维护，如保证灯具无破损、保持卫生间清洁等；建施维护是指各类健身设施的维护；环境卫生是空间内环境卫生的维护；积雪清理是冬季下雪后的及时清理。夜间照明是夜间照明工具数量足够、位置合适；地面安全是指空间内地面防滑、无破损、无危险废弃物、无障碍设计完好等情况；社会治安是指健身空间内部及周围的治安状况；设施安全是指健身空间内各类健身设施、辅助功能、景观设施等的安全设计与维护；警告标识是指在危险区域的警示标牌和说明健身空间位置、平面、入口、使用要求等的标识图。各项维护安全要素体现了大众对健身空间的日常管理、细节设计等方面的要求。

第3章 空间要素的设计原则

3.1 一般性设计原则

3.1.1 健身设施设计

根据上一章健身设施要素构成可知：健身设施中的 14 项二级要素可以分为儿童设施类、成人器械类、空地广场类、球类场地类、路径空间类和闲坐设施类共 6 类设施。本书整理这 6 类健身设施所适合的健身活动、适合人群和所需的空间配置见表 3-1。健身空间设计时应按照表 3-1 要求进行设计，并采取如下设计对策：

6 类健身设施适合活动、人群及空间配置　　表 3-1

设施类别	适合活动	适合人群	空间配置
儿童设施类	走动、奔跑、攀爬等身体活动、游戏、体验、冒险	单个或群体的 12 岁以下儿童	沙坑、浅水池（< 100mm）、秋千、滑梯、跷跷板、转盘、组合游戏器械
成人器械类	器械健身	除儿童外的各年龄层，以中年和老年人为主	各类健身器械及相关使用说明
空地广场类	广场舞、健身操、太极拳、武术、轮滑、书法等	各个年龄	开阔场地
球类场地类	乒乓球、羽毛球、足球、篮球、门球等	青少年、中年、老年，以青少年为主	各类专业球类场地及设施配置

续表

设施类别	适合活动	适合人群	空间配置
路径空间类	散步、跑步	各个年龄	1.5 米宽度以上散步、跑步路径
闲坐设施类	坐态休息	各年龄层，以老年为主	座椅

（1）儿童设施类：儿童设施类健身设施包括儿童设施、勿扰儿童、儿童安全 3 项二级要素，设计时应考虑安全措施、兼顾功能和多样性等设计要求，这三方面具体设计对策如下：

安全措施设计：儿童健身空间地面垫面材料应采用橡胶、木屑、树皮、细砂等，不可采用硬质铺地材料，避免和减轻跌落造成伤害；健身空间四周用钢网等材料围合处理，与其他场地适当分开，避免干扰；儿童健身空间应远离车行道路，不可避免时要采取隔离措施（图 3-1），否则会带来安全隐患。

兼顾功能设计：儿童健身空间也应兼顾看护者的需要，应在儿童活动区周边设置看护人员座椅，座椅朝向儿童区域。或者儿童活动区毗邻看护者（如老人、成人）活动区，但要防止儿童活动受到干扰。

儿童设施橡胶地面

儿童设施沙土地面

游戏区不应与球场无分隔

图 3-1　儿童设施设计示意 [93]

多样性设计：儿童健身设施设置应多样化，满足不同年龄段儿童活动需要。丹麦 Weidekampsgade 小区的儿童设施设计值得借鉴：Weidekampsgade 小区将儿童活动区用绿篱分成三部分，分别为学步儿童区、学前儿童区和学龄儿童区。不同区域设置不同活动设施，三部分既有联系又有分隔（图 3–2）。

学步儿童区

学前儿童区

学龄儿童区

图 3–2　丹麦 Weidekampsgade 小区儿童设施设计[93]

（2）成人器械类：该类设施包括成人器械和器械说明 2 项二级要素设计，设计时应考虑器械种类和器械说明两方面。

器械种类设计：器械配置应种类多样，满足身体多个部位的活动和不同年龄使用者需要。老年人器材应简单易行、技术力量要求低，如太空漫步机、蹬力器、梅花桩、扭腰器、太极推手等；中年人器材应满足中年人力量素质要求较高的特点，如仰卧起坐平台、蹬力器、单双杠、臂力训练器、太空漫步机等；儿童及青少年器材应兼顾娱乐性和一定刺激性，如秋千、梅花桩、太极推手、扭腰器等（图 3–3）。

器械说明设计：对各健身器械使用功能、使用方法、注意事项等要有标识清晰说明，保障大众正确安全使用器械（图 3–3）。

（3）空地广场类：该类设施包括空地广场、空地面积 2 项二级要素，设计时应考虑分区设计、铺地设计和面积设计几方面。

多个种类的健身设施　　健身器械说明　　某器械及说明区布置

图 3-3　健身器械设计示意

分区设计： 面积较大的活动空地和广场，为防止各种活动互相干扰，设计之初应进行适当分区，如儿童奔跑嬉戏区、老人舞蹈活动区等。

铺地设计： 空地或广场应根据分区考虑多种材质地面设计：硬质、软质、草地等，但寒冷或严寒地区硬质铺地要选择合适铺砖，考虑冬季防滑要求。有高差处应按相关规范设置坡道、扶手等无障碍设施。

面积设计： 空地广场应面积足够，保证活动的开展。如果是多人项目，根据我国 2005 年《城市社区体育设施建设用地指标》对社区内综合健身场地最小规模的规定：可以供 100 人同时进行舞蹈、体操、武术等集体活动，最小规模为 400m²。这一面积在某些小区内无法实现时，由“开展项目最短边长 10m”的要求，可以考虑设置以最短边长计算的面积为 100m² 的场地，只是容纳人数会相应减少。另外对于太极拳等可以单人活动的项目，在面积有限的场所可以多设置更小的空地来满足此类活动的要求。

（4）球类场地类：球类场地类设施包括乒乓球、羽毛球、足球、篮球几项二级要素，其设计对策主要考虑安全、观赏、节地几方面。

安全设计： 采用橡胶或其他软质地面设计，保护活动者安全。与周围其他空间分隔处理，可以采用铁丝网、围栏等措施。

观赏设计：球类场地周围缓冲距离以外应设置座椅，座椅朝向球场，为观赏者提供空间。

节地设计：面积不足是当前健身空间面临的一大难题，对于这一问题，可以考虑设置节地型球类场地：如五人足球、三人篮球等小面积场地（图 3-4）。

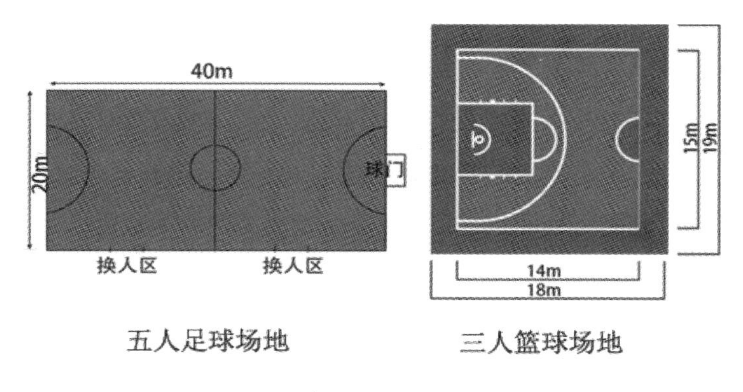

图 3-4 节地球场设计示意图

（5）路径设施类：路径设施类设施包括散步小路和跑步空间 2 项二级要素，设计时应考虑铺地、沿途景观、标识、休息座椅和路径几方面（图 3-5）。

路径设施景观　　路径地图标识　　路径通行标识

图 3-5 路径设施设计示意

铺地设计：用于跑步的路径，塑胶地面最好，混凝土地面亦可。用于散步的地面，可以用塑胶、混凝土，也可以是青石、鹅卵石铺路。

景观设计：在路径上安排变化的景观，增强路径吸引力，可以设置植物景观、水体景观和建筑景观等。

标识设计：对于路径较长的空间，要设置路线走向标识牌，给散跑步大众以提示。对于易受到机动车干扰的路径，要设置警示标识，保证活动者安全。

座椅设计：沿路径每隔一段距离设置休息座椅，给活动者提供休息处。

路径设计：路径设计最好设计成环路，避免出现尽端路和岔路口。

（6）闲坐设施类：闲坐设施类设施包括休息座椅和座椅材料 2 项二级要素，其设计对策要考虑座椅材料、座椅朝向、使用者交往和局部舒适小气候几方面（图 3-6）。

单人座椅

座椅与庇护设施

不适合寒冷气候的座椅

图 3-6 闲坐设施设计示意

材料设计：适合气候特点，冬季寒冷或严寒地区尽量多采用木质材料，而不要采用石质材料。

朝向设计：有靠背的座椅，要朝向有人流、有活动的方向，让休息的人有观赏内容。无法判断或多个方向都可能有观赏内容时，可设置无靠背座椅。

交往设计：座椅摆放位置，考虑人群交往需要，可以临近而坐或相向而坐。

气候设计：座椅设置位置结合绿植和建筑小品，考虑遮阳、背风、挡雨等要求。

3.1.2 可达性设计

可达性设计包含防止车辆干扰、方便到达和道路环境 3 项二级要素，其设计对策将从如下几方面阐述：

（1）防止车辆干扰

由于大众到达健身空间主要以步行为主，故通往健身空间的路上应尽量减少机动车辆的干扰。因为过多机动车干扰会给人烦躁和不安全感，影响大众前往健身空间的积极性。通常情况下，机动车辆对步行者的干扰有如下几种情况：

停放车辆干扰：步行路上经常会出现停放车辆打断步行者的行进路线，给步行者带来不便和安全隐患。出现这种情况一是由于步行路上乱停车占道，二是由于步行路旁有洗车修车服务而出现停放车辆。停放车辆干扰主要出现在通往小区外围附近健身空间的路上，要改善这种状况，政府有关部门应加强管理保障通往小区外围健身空间的步行路通畅（图 3-7）。

行驶车辆干扰：当遇到道路交叉口时步行路会被正在行驶的车辆干扰，这种情况会带来更大安全隐患和车辆尾气干扰。出现这种情况一是由于通往健身空间路上经过太多机动车道路交叉口，太多的道路交叉口尤其是没有交通指示灯的车行路口会打断步行者行进路径，从而影响大众前往健身空间。所以，通往健身空间步行路上，应减少经过机动车道路交叉口，必须经过时完善红绿灯、斑马线或人行天桥等设施，保障步行人员安全。另外，当步行道路毗邻交通繁忙的车行路时也会受到行驶车辆干扰，汽车尾气和噪声会影响步行者的心情和健康。故在对健身空间位置规划时应尽量避免其可达的步行路毗邻车流量大的车行道（图 3-7）。

步行路被停车占用(×)

道路交叉口秩序混乱(×)

岔路口设交通灯和斑马线(√)

行进路上设天桥(√)

图 3-7　行进路上受车辆干扰示意（“√”为设计较好；“×”为设计较差）

（2）方便到达

方便到达分为两个层面：一个是健身空间服务半径小，到达所需时间少；二是健身空间位置易于识别，有方便进入的入口。

第一层面：金银日在其研究中将健身空间分为居住区型、社区型、城市公共型、城市商业型和城郊广域型。其中，与本书研究日常类健身空间相对应的是居住区型和社区型空间，金银日提到居住区型健身空间服务半径为 500m 以内，社区型健身空间服务半径在 1.5km 以内，出行 15 分钟范围 [94]。国务院 2014 年印发的《关于加快发展体育产业促进体育消费的若干意见》[95] 提倡社区建设 15 分钟健身圈，可见 15 分钟是较合适的出行时间。廖含文在研究中提到大众体育设施需体现“就近原则”，经常参加体育锻炼的人“55% 的人选择离住所或单位 1000m 以内的场所进行锻炼”[96]。由以上研究分析得出，日常户外健身空间的服务半径宜在 1000~1500m 范围内，步行 15~20 分钟左右可达。

第二层面：入口设计易于识别和进入。应在健身空间周边设置对健身空间位置的标识，既起到指引作用又可以激励宣传大众进行健身活动。另外，应设置多个方向的健身空间入口，并在健身空间入口处，设置健身空间总平面、使用要求、活动内容等标识说明，方便使用者到达和使用健身空间（图 3-8）。

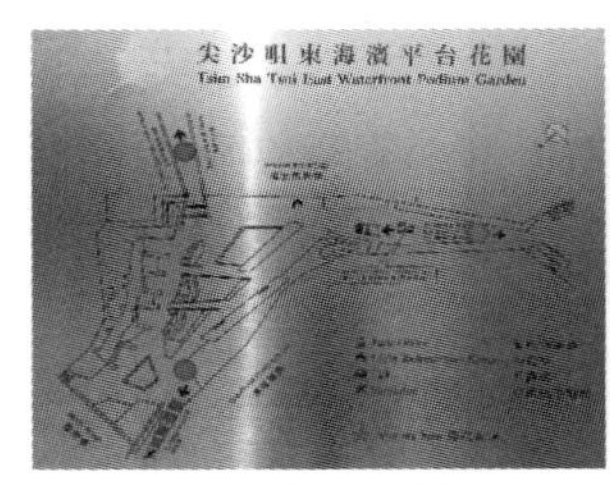

多个方向入口设计

入口指示牌示意

入口标识示意

图 3-8　易于识别和进入的入口设计

（3）道路环境设计

到达健身空间的道路环境也是重要影响因素，包括步行路上的空气质量、噪声、清洁卫生和沿途景色等。这一方面涉及管理部门对步行路环境卫生的管理和控制，如避免出现宠物粪便等垃圾。另一方面也涉及设计部门有意识地对通往健身空间道路景观环境等进行设计。国外研究表明，步行路上设置树木、花卉等景观和商业店铺等橱窗都可以促进大众步行[97]（图 3-9）。

通向海边的步行路(√)

安全整洁的步行环境(√)

行进路上被障碍阻挡(×)

行进路上卫生很差(×)

图 3-9 道路环境设计示意（“√”为设计较好；“×”为设计较差）

3.1.3 物理环境设计

物理环境包括车辆噪声、空气质量、夏季遮阳和冬季挡风 4 项二级要素，这些要素的设计应从如下几方面考虑：

（1）防控汽车尾气和噪声

首先，健身空间选址应远离车行要道，因为场所内空气质量、车辆噪声等环境的控制，与健身空间选址有很大关系，选址时远离城市车流量大的干道，可以降低汽车尾气和车辆噪声对健身活动的干扰。

其次，采取降低车辆噪声的措施，如通过树木、围墙等设施的设计，降低周围道路车辆噪声对健身空间的影响。

（2）场所内环境控制

场所内的空气质量、清洁卫生等环境也需要有效控制，如小区中餐馆排放的烟气等不好气味会影响小区内健身空间的空气质量，可以考虑设置排烟道等方式解决。加强管理维护环境卫生，严禁宠物随地大小便等措施也是必要的。另外，适当的景观设计可以调节场所内的物理环境，水景观、植物景观可以有效改善空气质量（图 3-10）。

（3）遮阳和挡风设计

在健身空间内，采用绿植、建筑亭廊等措施提供夏季遮阳，如可以利用爬山虎等植物和花架结合健身空间设计，夏季遮阳，冬季植物枝叶退去还给健身者提供阳光。

可以利用建筑围合的方式为健身空间遮挡冬季西北风，这在小区广场型健身空间中可以采用。对于城市公园型健身空间可以利用建筑小品、高大树木来起到挡风作用（图 3-10）。

禁烟标识保障空气质量

遮阳挡雨设施

建筑挡风示意

图 3-10　物理环境设计示例

3.1.4　辅助功能设计

辅助功能包括卫生间、垃圾桶、下棋桌子、放物桌子、饮水设施、售卖设施、阅读宣传栏 7 项二级要素，其设计对策如下：

（1）卫生间和垃圾桶

很多受访者反映健身空间没有卫生间很不方便，卫生间设置对于小区外围健身空间是十分必要的。健身空间可以设置永久性卫生间建筑或临时简易卫生间，可以附属于其他建筑也可以独立设置，但附属于其他建筑时要确保健身大众自由出入。另外，保持对场所内卫生间的卫生也十分必要，卫生环境不佳的卫生间不但影响其自身使用也会影响整个健身空间的环境质量。

通常，健身空间会配备一定数量垃圾桶，但设计、管理时要确保其数量、维护和位置合适。一些老旧小区管理部门要确保垃圾桶定时有人清洁，并分类收集垃圾；除数量保持充足外，垃圾桶应设置位置合适，如空地广场周围、休息处、散跑步路径途中等。

（2）桌子

健身空间应该配备一定数量的桌子来辅助大众健身活动，可以堆放物品也可以兼顾棋牌活动，与座椅搭配，可以方便野餐等活动。桌子材料因地制宜，石材、木材、塑料等均可，兼顾棋牌功能时可以在桌面刻画棋格，方便下棋者使用。另外，结合小亭、景观廊等场所设置桌子，可以给使用者提供庇护，方便各种活动开展。

（3）饮水和售卖设施

小区外围健身空间应设置一定的饮水和售卖设施。饮水设施的设置在寒冷季节或地区要考虑提供温水或热水，并提供一次性环保纸杯，方便大众在健身活动时使用。

售卖设施可以为健身者提供适当的餐点、饮料、纸巾等商品服务。售卖设施可以和景观设计相结合，通过灵活、丰富的外观设计增加健身空间活力，吸引大众到健身空间活动。

（4）阅读宣传栏

无论是小区内还是住区周边的公园广场等健身空间，都应该设置一定的阅读宣传空间。阅读宣传空间可以设置成宣传牌、宣传廊的形式，可以宣传健身知识、方法，也可以设置新闻报纸阅读功能等。阅读宣传空间不但可以促进大众多参加健身活动，还可以充实年龄大或身体活动不方便的健身者户外健身活动内容。

3.1.5 景观设计

景观设计包括自然景观、人工景观、植物景观、建筑景观和冬季景观 5 项二级要素，其设计对策如下：

（1）自然和人工景观

山体、湿地、湖泊、丛林等自然景观可以促进久居城市大众进行户外健身活动。健身空间在规划设计时应充分利用原有的坡地、小山、水面等地形地貌设计景观。自然景观的实现受原有地理条件限制较大，在小区内部不易实现，但在城市空地、公园、广场等健身空间可以充分运用。如哈尔滨群力新区的湿地公园，利用原有湿地风貌：芦苇、水面等给周围住区的健身者提供与众不同的景观享受。

假山、水池、喷泉、雕塑等人工景观设置方便、形式丰富、对空间大小适应性强，适合于各种类型健身空间。水池、喷泉景观可以调节局部物理小气候，可以设置在需要降低噪声、调节温度的健身区域；雕塑景观可以标识空间、传播文化，可以设置在入口、广场等区域。

（2）植物和建筑景观

草坪、树木、花卉等植物景观也有调节物理环境和赏心悦目的作用。面积大的草坪可以利用人工起坡来打破其单调感，设置可以进入和踩踏的草地可以促进健身活动。树木种类在选择时要考虑一年四季的树种搭配，同时，高大乔木和低矮灌木结合，增加景观层次。花卉栽植搭配不同色彩，结合草坪和树木，创造吸引人的景观场所。

景观亭、景观长廊等建筑景观要素亦很重要。丰富造型的建筑景观可以是凉亭、长廊、花架，也可以结合售卖亭、服务处、卫生间、休息座椅等功能设置，既丰富功能又点亮景观（图 3-11）。

（3）冬季景观

哈尔滨或其他寒地城市冬季漫长，健身空间设计时要充分考虑常见绿植过季、水面结冰、水池干涸的冬季景象，想方设法打造冬季景观，可以采用的对策有：一是种植长青的树种，打破冬季单调的色彩；二是利用建筑小品、雕塑，通过多彩的建筑、形体丰富的雕塑等改善景观；三是充分发挥冰雪特色，通过开展冰雕、雪雕等活动，设置冰灯、雪雕景观，既可以增加大众健身活动内容，还可以增加健身空间的冬季观赏性（图 3-11）。

湿地自然景观

建筑小品景观

雪雕冬季景观

图 3-11 景观设施设计示意

3.1.6 维护安全设计

维护安全包括辅设维护、健设维护、环境卫生、积雪清理等维护方面要素和夜间照明、地面安全、社会治安、设施安全和警告标识等安全方面要素，其设计对策如下：

（1）维护设计

维护设计主要体现在辅设维护、健设维护和环境卫生维护等方面。

辅设维护是对卫生间、垃圾桶、各类桌椅、宣传栏等设施的日常管理和维护。很多老旧小区灯具缺乏维护，晚上漆黑一片，严重影响大众健身活动和活动安全。还有一些场所，灯具破损，碎玻璃悬挂空中，十分危险。健设维护是对健身器械、活动设施、广场、球场等设施的定期维护，避免出现健身器械破损情况，影响健身活动和造成安全隐患。环境卫生维护是健身空间总体的卫生清洁管理和维持。寒地城市冬季积雪应及时清理，避免积雪打扰健身活动和积雪成冰威胁安全（图 3–12）。

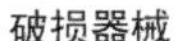

破损器械　　缺乏维修的水池　　破损灯具

图 3–12　维护较差的空间要素示例

（2）安全设计

安全设计包括夜间照明、地面安全、社会治安、设施安全和警告标识几方面的设计。

夜间照明：健身空间要提供充足的夜间照明设施，既方便天黑以后的健身活动又保障夜间安全。

地面安全：地面设计采用合适地砖防止冬季雪后地面湿滑，在有高差处设置坡道、防滑纹，在易发生摔倒处设置软质地面。另外，加强维护管理，保证地面没有碎玻璃等危险物品。

社会治安：保障健身空间的治安环境，避免出现偷盗、抢劫、恶意伤人事件等。

设施安全：应加强管理和设置服务人员巡逻，空间设计时避免出现空间死角，出现不安全区域等。

警告标识：包括对危险处的警告设置和对空间使用提示的标识设计。警告设置如对深水池等危险区域设置的警示牌，提醒健身大众注意安全。标识设计包括对携带宠物的管理、空间维修电话、场地使用规则等（图 3-13）。

携带宠物要求标识

照顾子女等警告标识

维修电话标识

图 3-13　安全标识设计示意

3.2 促进健身的重点要素设计

国外大量研究表明健身设施、可达性、物理环境、辅助设施、景观设计和维护安全对健身活动有影响，本书作者在博士论文研究中亦有发现[①]。本小节我们将着重讨论本书作者博士论文中那些对大众健身时间和健身频率有显著影响的空间要素。

① 本书第 3 章、第 4 章设计原则部分相关数据依据均来自于作者博士论文研究，详见：张翠娜 . 日常户外体育健身空间要素研究 [D]. 哈尔滨工业大学 , 2016.7.

3.2.1 促进健身时间的要素设计

根据本书作者前期研究：影响健身时间的空间要素有健身设施、物理环境和景观设计。它们的作用效应系数分别为 0.236、0.191 和 0.046，其中物理环境和健身设施是直接影响要素，景观设计通过影响健身设施设计起间接影响。影响健身时间的重点空间要素如图 3-14，促进健身时间的空间要素设计对策如下：

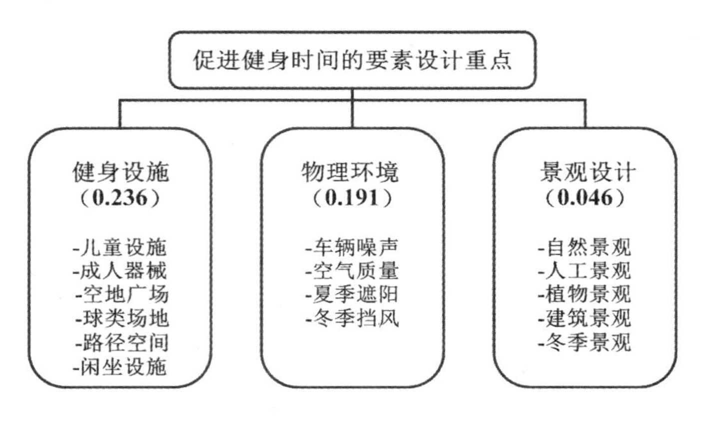

图 3-14 促进健身时间的要素设计重点

（1）优先设计的要素

健身设施、物理环境和景观设计对健身时间的影响作用系数分别为 0.236、0.191 和 0.046，表示三项要素对健身时间的影响依次减小。设计中应按照作用大小优先设计作用较大的空间要素，尤其是旧区改造或空间现有条件不足情况下，应把配置健身设施、完善设施种类作为首要任务；其次加强场所物理环境，保障良好健身环境；最后关注场所景观设计，增强空间吸引力。

（2）间接影响的要素

对健身时间的影响，物理环境和健身设施为直接影响，而景观设计通过影响健身设施和物理环境起间接影响。设计中应充分关注景观设计对健身设施和物理环境的影响作用。

景观设计中的景观步道可以促进散步、跑步等健身活动，景观亭、景观廊等景观小品可以促进闲坐、棋牌、单人太极拳等活动，景观草坪可以促进闲坐、散步、游戏、舞蹈、野餐等健身活动。加强这些与健身设施、健身活动相关的景观设计可以有力促进健身活动的开展（图 3-15）。

景观迷宫中的散步路径

景观廊下的棋牌空间

在景观草坪闲坐与散步

图 3-15　景观设计要素对健身设施的影响示意

景观设计要素对物理环境影响体现在各种人工景观、植物景观和景观小品对健身空间局部小气候的调节作用上，如喷泉水景观可以隔绝噪声；绿植栽种墙面可以净化空气；景观亭、景观廊等建筑小品可以起到夏季遮阳作用（图 3-16）。贺勇[98]等人曾研究北方景观树木对空气的净化作用，研究结果表明：金老梅、紫花锦鸡、银老梅、七姐妹、松东锦鸡儿等树木有很强的滞尘能力，华北绣线菊具有较强的杀菌能力，紫花锦鸡和短梗五加具有很强的吸收 SO_2 能力。健身空间可以利用这些景观树种改善物理环境。另外，假山或建筑小品也可以形成冬季的背风空间，避免健身者受寒风侵扰。荷兰罗曾堡（Rozenburg）的 Nieuwe Waterweg 运河岸边，建筑师 Martin Strujis 与艺术家 Frans de Wit 在 1980 年曾设计一种帮助运河船只抵抗陆地强风的景观挡风墙[99]（图 3-17）。该挡风墙既美观又能有效减小强风。罗曾堡挡风墙设有 125 个高 25 米半圆形混凝土柱，根据风的强度以不同半径和间距排列在 1.75 公里的 Nieuwe Waterweg 运河岸边，据说，这些柱子可以遮挡 75% 的强风。这一作品也可以对健身空间的景观挡风装置设计提供参考。

假山喷泉隔绝噪声

绿植墙面净化空气

建筑小品遮阳

图 3-16　景观设计要素对物理环境的影响示意

图 3-17　罗曾堡（Rozenburg）的挡风墙[99]

3.2.2　促进健身频率的要素设计

影响健身频率的空间要素有健身设施、景观设计、可达性、维护安全和辅助功能等，其中可达性、健身设施为直接影响，辅助功能通过影响健身设施起间接影响，景观设施通过影响辅助功能、健身设施、维护安全起间接影响，维护安全通过影响辅助功能、可达性和健身设施起间接影响。影响作用方面，健身设施最大，可达性、景观设计和维护安全相差不多，辅助功能影响效果最小。要促进大众健身活动的频率，其设计的重点空间要素如图 3-18，设计对策如下：

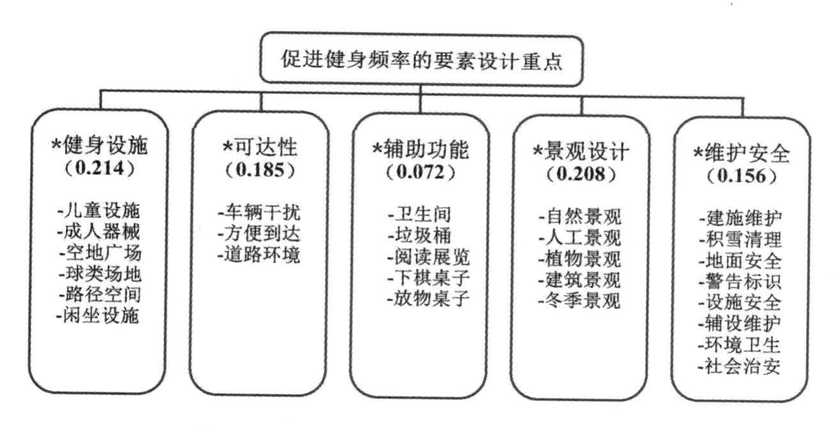

图 3-18　促进健身频率的要素设计重点

（1）优先设计的要素

从影响作用系数看，健身设施和景观设计影响最大，为 0.236 和 0.208；其次为可达性和维护安全要素，其影响作用系数为 0.185 和 0.156；最后为辅助功能要素，作用系数为 0.072。不同类型健身空间应根据实际情况，按照作用系数大小，优先设计作用较大的空间要素。

（2）间接影响的要素

景观设计要素通过影响辅助功能、健身设施、维护安全对健身频率有间接影响作用，健身空间设计时要考虑到景观设计对其他要素的影响，例如景观设计不当常常会影响安全环境：一些绿植景观易形成隐蔽危险的空间角落，一些带刺植物易对健身者造成伤害，个别危险水景观缺乏警告标示或安全措施，人工景观设计不当易对人身造成伤害等（图 3-19）。这些不当的景观设计应避免出现。

景观形成隐蔽区域

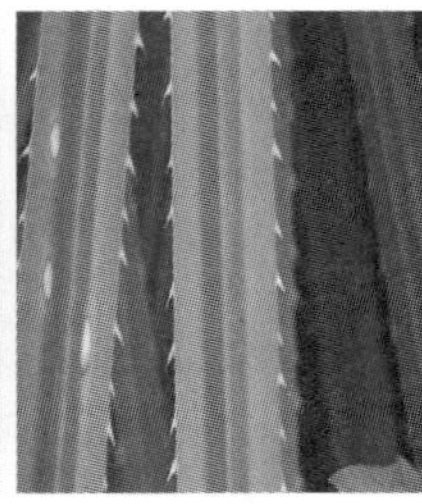

带刺植物易伤人

水景无遮拦易跌落

花坛锐角设计易伤人

图 3-19　影响安全环境的景观设计示意

辅助功能通过影响健身设施而间接影响健身频率，维护安全通过影响辅助功能、可达性和健身设施而间接影响健身频率，设计中应充分考虑其间接影响作用。例如辅助功能中下棋桌子、放物桌子的设计可以促进棋牌、闲坐、野餐等健身功能；阅读宣传栏可以促进散步、闲谈等户外活动。维护安全中辅设维护、建施维护等影响健身设施使用；地面安全、设施安全等因素影响空地广场等设施的使用；饮水处、卫生间等各类标识设计便于辅助设施使用（图 3-20）。这些影响关系要在健身空间设计中充分考虑。

桌椅设计促进下棋活动　不防滑地面设计影响广场使用

各类标识便于辅助设施使用

图 3-20　辅助功能、维护安全间接影响示意

3.3 应对气候约束的要素设计

前期研究发现：健身设施、物理环境、景观设计和维护安全对健身活动影响在采暖季内作用更大；可达性和辅助功能在非采暖季影响作用更大。对于严寒城市，采暖季的户外气候环境一定程度上制约其户外健身活动开展，所以关注采暖季影响较大的空间要素是寒地城市户外健身空间设计的重点，研究整理应对气候约束的重点设计要素如图 3-21，设计对策如下：

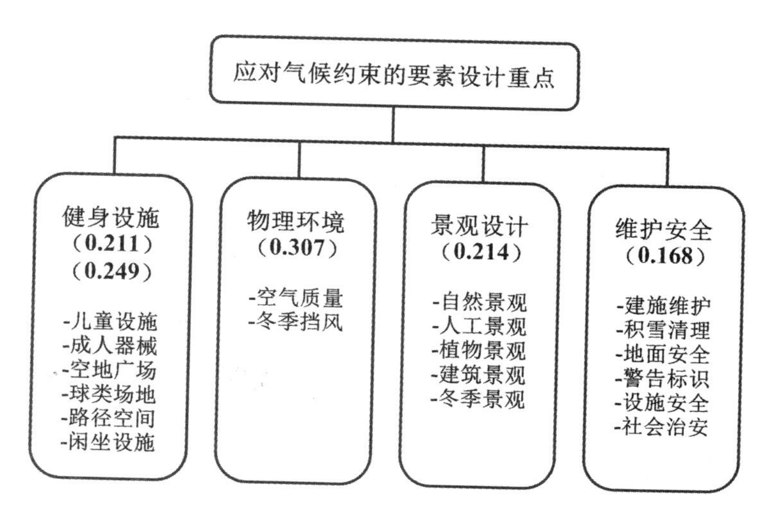

图 3-21　应对气候约束的要素设计重点

（1）**健身设施的应对设计**

从影响作用系数看，采暖季内健身设施对健身时间和频率的影响均较大，为 0.211 和 0.249。寒地城市户外健身空间在整个采暖季都受到寒冷季节和风雪天气影响，其各项健身设施在设计时应采取一定应对对策。如休息座椅、活动桌面、栏杆扶手等宜选择木质等导热系数小的材料；地面高差处坡道必要时设置扶手以防止使用者滑到；空地广场、球类场地和散步路径的铺地应采用防滑铺地材料，不宜采用大理石等地砖铺地（图 3-22）。另外，为丰富采暖季健身活动，可因地制宜地将空地广场改造为冰场、雪地，开展滑冰、冰上游戏等多种项目。

金属棋牌桌椅不适合使用

主要通道不适合设置坡道

活动广场不宜设置大理石地面

图 3-22　不适合气候的健身设施设计示意

（2）**物理环境的应对设计**

物理环境在采暖季内对健身时间影响很大，影响系数为 0.307。原因可能是冬季干冷和受污染的空气质量、寒冷西北风等环境要素对户外健身活动影响较大。因此，健身空间在设计和管理时应充分考虑这些影响。健身空间可以利用建筑、墙体、针叶林树木等对健身广场形成围合，以利于对采暖季西北风的阻挡。

（3）景观的应对设计

景观设计要素对健身频率有影响作用，影响系数为 0.214。原因可能是采暖季健身空间色彩单一、空间乏味，而丰富的景观亭、景观廊、景观雕塑、景观路径和各种冬季景观设计可以吸引大众到健身空间活动，从而对健身活动起促进作用。健身空间建造时应重点考虑如上景观要素的设计。健身空间应丰富景观亭廊、景观小品的色彩搭配和造型设计，不但增加空间活力还可以为闲坐、散步、棋牌等多种健身活动提供健身场地。同时，采暖季可以充分利用冰雪资源打造冬季健身空间，例如：通过冰雕打造冰滑梯等冬季健身设施；通过雪雕、冰雕丰富冬季景观。另外，绿植树木考虑搭配多个树种，防止采暖季绿植景观单调，必要时可以利用假花、假叶对冬季树木艺术处理（图 3-23）。

单一树种景观单调

设置常青树种搭配

艺术处理后的树木景观

图 3-23 寒冷气候景观设计示意

（4）维护安全的应对设计

维护安全要素对采暖期健身活动影响也较大，影响系数为 0.168。原因可能是大众这一时期进行健身活动时对积雪清理、地面安全、各种设施维护、安全警告等维护安全要素比较敏感。这些要素是哈尔滨这类严寒城市户外健身空间设计的重点。采暖季日间短暂，17 点天色已黑，此季节应加强健身空间社会治安管理，防止犯罪事件危及健身大众。同时加强健身空间维护管理，及时处理地面结冰、积雪，保障健身活动正常和安全开展（图 3-24）。

积雪覆盖的跷跷板

未清理积雪影响广场使用

地面结冰使活动不安全

图 3-24　维护差影响健身活动

3.4 考虑使用者背景的要素设计

3.4.1　考虑性别影响的设计

根据前期研究：男性和女性群体健身活动受健身设施、物理环境、可达性等要素的影响有显著差异，男性更关注健身空间的健身设施和可达性，而女性更关注健身设施和物理环境。本书对不同性别群体的重点要素、要素设计要点和设计示例给出建议，详见表 3-2。

不同性别群体健身空间重点要素设计 表 3-2

重点要素			要素设计
一级要素	二级要素	说明	设计要点与设计示例
I_1 健身设施	X_1 儿童设施	★	男性健身频率受健身设施影响较大，各类器械、广场、球类、路径和座椅等健身设施应考虑男性使用者需求。健身空间应充分考虑男性常见健身活动如太极拳、抖空竹、广场书法、器械、跑步、足球、篮球等所需要的健身设施。女性健身时间受健身设施影响较大，应为广场舞、轻型器械、乒乓球等女性常见健身活动提供相应设施。和男性不同的是，女性作为儿童看护者的大多数，其健身时间也会受到儿童设施设置影响。设计中可将儿童活动区毗邻女性喜爱的健身设施区  男性广场健身陀螺  男性广场健身书法  女性健身看护同时进行
	X_2 勿扰儿童	★	
	X_3 儿童安全	★	
	X_4 成人器械	▲★	
	X_5 器械说明	▲★	
	X_6 空地广场	▲★	
	X_7 空地面积	▲★	
	X_8 乒乓球	▲★	
	X_9 羽毛球	▲★	
	X_{10} 足球篮球	▲★	
	X_{11} 散步小路	▲★	
	X_{12} 跑步空间	▲★	
	X_{13} 休息座椅	▲★	
	X_{14} 座椅材料	▲★	
I_2 可达性	X_{15} 车辆干扰	▲	和女性相比，男性更关注健身空间的可达性，要提高其健身频率就要加强健身空间的可达性设计。除了考虑车辆干扰、方便到达两项因素外，规划设计时可以在通往健身空间的步行路上设置更加吸引男性群体的功能和景观，如吸引男性的钓鱼用品、户外用品、汽车等商业功能和道路景观等
	X_{16} 方便到达	▲	
	X_{17} 道路环境	▲	
I_3 物理环境	X_{18} 车辆噪声	★	和男性相比，女性群体对健身空间物理环境更加敏感，女性群体健身时间受物理环境影响更大。健身空间设计时对女性群体的关注应加强物理环境的维护和控制。由于女性群体在身体素质上弱于
	X_{19} 空气质量	★	

续表

重点要素			要素设计
一级要素	二级要素	说明	设计要点与设计示例
I_3 物理环境	X_{20} 夏季遮阳	★	男性，在心理感受上更加敏感，所以在健身空间中的儿童看护区等女性群体活动空间设计应注意气候舒适、卫生清洁方面的考虑
	X_{21} 冬季挡风	★	
I_4 辅助功能	X_{22} 卫生间	★	
	X_{28} 垃圾桶	★	

注：“★”表示女性群体重点要素；“▲”表示男性群体重点要素。

3.4.2 考虑年龄影响的设计

不同年龄群体健身活动受各项空间要素影响有显著差异，例如：儿童群体更关注健身空间的可达性和物理环境，青年和老年群体更关注健身设施，中老年更关注可达性等。

儿童及青少年群体（0~12 岁、13~18 岁）均属于未成年人，具有身体处于生长发育阶段、需要一定看护、心理上亦不成熟等共同特点，健身空间设计时应给予重视。下面首先针对儿童及青少年群体的重点要素、要素设计要点和设计示例给出建议，详见表 3-3。

儿童、青少年健身空间重点要素设计　　表 3-3

重点要素			要素设计
一级要素	二级要素	说明	设计要点及设计示例
I_1 健身设施	X_1 儿童设施	★	儿童设施设置应多样化，满足不同年龄段儿童活动需要。幼儿期儿童采用活动量适中的嬉戏类设施，如沙坑、滑梯、转 嬉戏设计—沙坑与滑梯

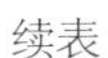

续表

重点要素			要素设计	
一级要素	二级要素	说明	设计要点及设计示例	
I_1 健身设施	X_2 勿扰儿童	★	盘、跷跷板；童年期儿童适合体力活动较大的开发智力型、冒险类设施，如迷宫、攀爬架等；学龄少儿期儿童设施应加强文化性、科普性的益智类设施，如结合活动区域设置植物标识牌、著名人物雕塑、成语故事等，并设置适当体育场地，可以考虑结合其他体育场地设置少儿球类场地	 冒险设施—攀爬架
	X_3 儿童安全	★		 益智设施—折戟沉舟
	X_6 空地广场	▲	住区内为青少年提供专业类场地较少，故空地广场类设施应保证足够面积，留有青少年活动区域	 青少年在小区空地活动
	X_7 空地面积	▲		
	X_8 乒乓球	▲	球类设施深受青少年喜爱，但当前各类型健身空间中配置较少。建议条件有限的小区内部可以在空地广场设置潜在球类空间，考虑开展多种球类活动的可能性，要在场地活动尺寸和缓冲距离方面考虑周全。在土地、资金较充足的公园等处增加青少年球类设施。球类设施设置注意安全设计，如地面采用橡胶或其他软质材料，采用铁丝网、围栏等措施与周围其他空间分	 铁栅栏围合球场
	X_9 羽毛球	▲		
	X_{10} 足球篮球	▲		青少年雪地足球

续表

重点要素			要素设计
一级要素	二级要素	说明	设计要点及设计示例
I_2 可达性	X_{15} 车辆干扰	★	隔处理儿童群体出行不便，故可达性要素对其健身频率影响更大。首先，为减少出行距离，应加大小区内部儿童活动设施设置，尤其是幼儿活动设施，使儿童不出住区即可进行丰富的日常健身活动。其次，通往住区外公园等健身空间的行进路上尽量避免车辆对儿童的干扰。另外，行进路上保证婴儿手推车通行方便，适当考虑儿童滑板车、扭扭车等通行
	X_{16} 方便到达	★	
	X_{17} 道路环境	★	保障行进路上安全卫生，设置吸引儿童的路上景观环境，以促进儿童前往健身空间  路上环境设计
I_3 物理环境	X_{18} 车辆噪声	★	物理环境对儿童健身活动时间影响较大，说明儿童家长更关心健身空间物理环境。健身空间除了在选址时考虑周围道路车辆噪声影响外，在整个场所的总平面布局时也应将儿童活动区远离周围车行道路，保障儿童活动区空气质量。同时，重视儿童活动区的遮阳、挡风设施设计  绿荫环绕儿童活动区
	X_{19} 空气质量	★	
	X_{20} 夏季遮阳	★	
	X_{21} 冬季挡风	★	
I_5 景观设计	X_{29} 自然景观	★▲	景观对儿童和青少年健身活动影响均较大，设计者在景观设计时应加入更多符合儿童和青少年特征的元素，促进其健身活动。根据场所条件增加儿童、青少年活动区的自然景观、植物景观。亦可以将儿童活动设施与自然地形地貌相结合。设计儿童特征鲜明的雕塑、建筑景观。利用冰雪雕塑等创造儿童喜欢的冬季景观
	X_{30} 人工景观	★	
	X_{31} 植物景观	★▲	

续表

重点要素			要素设计
一级要素	二级要素	说明	设计要点及设计示例
I_5 景观设计	X_{32} 建筑景观	★	绿植景观与儿童活动；顺应山坡设置滑梯
	X_{33} 冬季景观	★	假山促进攀爬；儿童冰雕
I_6 维护安全	X_{35} 建施维护	▲	加强儿童、青少年活动区环境卫生维护；保障青少年经常使用的各种球类设施、跑步路径、空地广场等的维护和夜间照明；冬季注重积雪清理；保障青少年活动设施的安全使用 维护良好的球场
	X_{36} 环境卫生	★ ▲	
	X_{37} 积雪清理	▲	
	X_{38} 夜间照明	▲	
	X_{39} 地面安全	▲	
	X_{41} 设施安全	▲	

注：“★”表示儿童群体重点要素；“▲”表示青少年群体重点要素

青壮年群体（19~35 岁、36~50 岁）是社会生产的主力，具有工作相对繁忙，闲暇时间少等特点。研究针对青壮年群体的重点要素、要素设计要点和设计示例给出建议，详见表 3-4。

青壮年健身空间重点要素设计　　表 3-4

重点要素			要素设计
一级要素	二级要素	说明	设计要点与设计示例
I_1 健身设施	X_4 成人器械	★▲	健身设施对 19~35 岁群体的健身频率影响较大，对 36~50 岁群体健身时间影响较大。青壮年群体身体条件较好，可以充分利用各类健身设施，故健身空间内各类健身设施设计与其健身活动都密切相关。这类人群可以进行器械、广场舞、轮滑、球类、跑步、散步等多种健身活动。配置健身空间中各类健身设施并丰富种类可以促进青壮年群体的健身活动 青年人在广场轮滑 青壮年器械运动
	X_5 器械说明	★▲	
	X_6 空地广场	★▲	
	X_7 空地面积	★▲	
	X_8 乒乓球	★▲	
	X_9 羽毛球	★▲	
	X_{10} 足球篮球	★▲	
	X_{11} 散步小路	★▲	
	X_{12} 跑步空间	★▲	
	X_{13} 休息座椅	★▲	
	X_{14} 座椅材料	★▲	
I_3 物理环境	X_{18} 车辆噪声	▲	物理环境对 36~50 岁群体健身时间影响较大，相较于 19~35 岁群体，这一群体承担家庭、事业等多重重担，身体素质下降，健身意识增强，其在选择健身空间时更关注各项物理环境要素。健身空间中在针对这一群体设计时，应充分考虑其对噪声、空气质量和不同季节热舒适环境的要求。 另外，对于 36~50 岁群组来说，环境卫生维护和与闲坐、棋牌等健身活动相关的设施和饮水、售卖设施也是要考虑的
	X_{19} 空气质量	▲	
	X_{20} 夏季遮阳	▲	
	X_{21} 冬季挡风	▲	
I_4 辅助功能	X_{22} 卫生间	★	19~35 岁群体、36~50 岁群体关注辅助功能对健身设施的影响，设计中应考虑阅读展览与其他健身设施的结合；各类桌子与棋牌、野餐等活动的结合等，同时在健身设施周围保障垃圾桶设置，维持良好健身环境
	X_{23} 阅读展览	▲★	
	X_{24} 下棋桌子	▲★	
	X_{25} 放物桌子	▲★	
	X_{28} 垃圾桶	▲★	

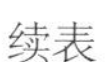

续表

重点要素			要素设计	
一级要素	二级要素	说明	设计要点与设计示例	
I_6 维护安全	X_{42} 警告标识	★	针对 19~35 岁群体，应关注指示牌、入口标识、健身空间地图等和空间位置、可达性相关的标识设计	Fitness 可达性标识设计

注：“★”表示 19~35 岁重点要素；“▲”表示 36~50 岁群体重点要素。

中老年群体（50~65 岁、≥ 66 岁）接近或已经退休，具有闲暇时间较多，身体素质渐差等特点。这一群体是当前健身活动的主体，随着我国老龄化社会的到来，这一群体的健身空间设计日益受到重视。本书针对中老年群体的重点要素、要素设计要点和设计示例给出建议，详见表 3-5。

中老年健身空间重点要素设计　　表 3-5

重点要素			要素设计	
一级要素	二级要素	说明	设计要点及设计示例	
I_1 健身设施	X_1 儿童设施	▲	≥ 66 岁群体为老年人群体，处于退休年龄，常有看护儿童活动。为方便老年人照看儿童，儿童设施应考虑靠近老年人活动区，并设置休息座椅。休息座椅设置应方便老年人交谈、看护（图 3-25）	游戏区旁设置看护座椅
	X_4 成人器械	▲	运动器械中应设置适合老年人活动的种类；空地广场内可以进行多种	

续表

重点要素			要素设计
一级要素	二级要素	说明	设计要点及设计示例
I_1 健身设施	X_5 器械说明	▲	老年人健身活动，如广场书法、放风筝等，故建议广场适当进行分区设计，提供老年人活动区域。广场舞作为近年十分普遍的健身活动深受中老年人喜爱，广场设计时应尽量考虑这种需要（图 3-26） 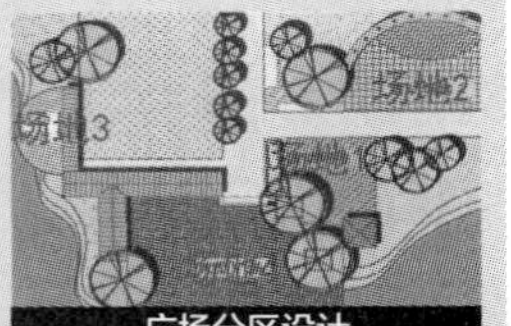 广场分区设计
	X_6 空地广场	▲	
	X_7 空地面积	▲	
	X_8 乒乓球	▲	球类运动中，老年乒乓球比较普遍，其他球类设施视需要而定
	X_9 羽毛球	▲	
	X_{11} 散步小路	▲	相对于跑步空间，散步路径更适合也更普遍被老年人接受，散步道可以结合棋牌、器械等设施设置，亦可以结合景观小路设置多种路径，增加空间吸引力（图 3-27）
	X_{12} 跑步空间	▲	
	X_{13} 休息座椅	▲	闲坐交谈是老年人重要的室外活动，应配合棋牌等功能设置休息座椅，座椅材料适合寒冷气候特点
	X_{14} 座椅材料	▲	
I_2 可达性	X_{15} 车辆干扰	★	可达性对 51~65 岁群体健身活动频率有较大影响，空间可达性设计中应加强对这一群体考虑，通往健身空间的道路环境考虑中老年的审美需求
	X_{16} 方便到达	★	
	X_{17} 道路环境	★	
I_3 物理环境	X_{18} 车辆噪声	▲	≥ 66 岁群体和其他群体相比对物理环境更敏感，这可能是因为这个群体年龄较大、身体素质日渐下降，也会有一些疾病缠身、行动不便的情况，故这一群体更在意健身空间的空间环境质量。健身空间首先应给其提供安静、清洁、舒适的环境
	X_{19} 空气质量	▲	
	X_{20} 夏季遮阳	▲	
	X_{21} 冬季挡风	▲	
I_5 景观设计	X_{29} 自然景观	★▲	51~65 岁群体和≥ 66 岁群体都注重与维护安全相关的景观设计要素。设计中不要出现隐蔽的区域和对人身易产生伤害的植物品种；各类建筑景观、景观小品设计考虑地面、立面的设计细节，不要出现对人身安全有影响的情况；冬季冰雪景观设置考虑地面安全设计。这两个群体健身活动以体力活动小

续表

重点要素			要素设计
一级要素	二级要素	说明	设计要点及设计示例
I_5 景观设计	X_{30} 人工景观	★▲	的棋牌、散步、闲坐为主，景观要素在这些活动中作用会更加显著。景观设计应充分重视其心理、喜好特点。如老年人大多喜欢鲜艳色彩，健身空间可以在景观道路两侧栽植色彩艳丽的花朵和设置色彩明亮的雕塑等
	X_{31} 植物景观	★▲	
	X_{32} 建筑景观	★▲	

注："★"表示 51~65 岁群体重点要素；"▲"表示≥ 66 岁群体重点要素。

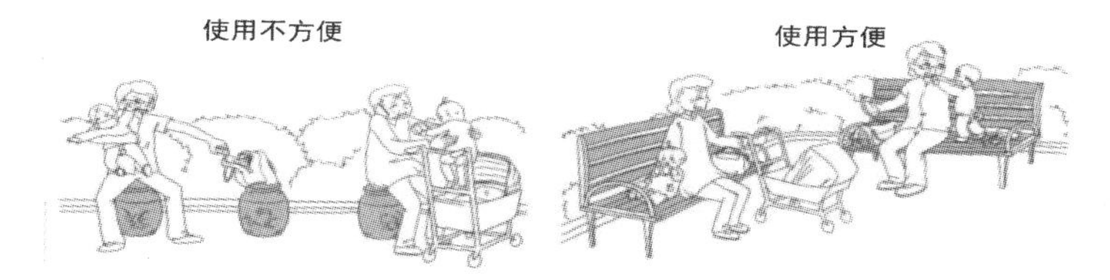

图 3-25　照看儿童老年人座椅设计示例 [99]

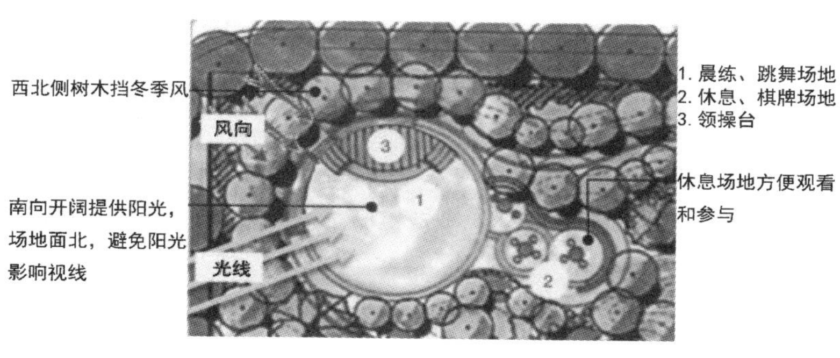

图 3-26　老年人跳舞广场设计示例 [99]

图 3-27　老年人散步路径设计示例 [99]

3.4.3 考虑收入影响的设计

研究发现，不同收入水平群体其健身活动与空间要素的关系也有较大差异。如：收入 < 2000 元群体健身活动受健身设施影响较大，而收入 2000~5000 元群体健身活动受物理环境和可达性影响较大。研究根据空间要素影响的收入个性模式整理不同收入群体的重点要素，并就要素设计要点和设计示例给出建议，详见表 3-6。

对于以上三种不同收入水平群体，研究重点关注 < 2000 元群体。原因是这一群体为低收入群体，其进行收费健身项目机会较少，且居住区域多为物业管理水平低、健身设施投入少的老旧小区。针对这一部分人群的健身空间设计应受到重视。

不同收入群体健身空间重点要素设计　　表 3-6

重点要素			要素设计
一级要素	二级要素	说明	设计要点及设计示例
I_1 健身设施	X_1 儿童设施	★	研究发现，健身设施对收入 < 2000 元群体的健身时间影响较大。这可能是因为收入 < 2000 元群体为收入较低群体，这类群体对健身活动、健身空间要求并不很高，现阶段对健身设施之外的景观设计、辅助功能、物理环境等没有过多要求。这一群体居住空间多为老旧小区，老旧小区有限的空间、资金等条件制约其健身空间的发展。 对于这类群体及其健身空间设计首先应从基本健身设施配置着手，如健身空地、健身器材等。其次，应发展节约用地、资金投入少的健身设施，如散步小路、儿童沙坑等。另外，要保障对健身设施维护，避免其日久破损，影响使用
	X_2 勿扰儿童	★	
	X_3 儿童安全	★	
	X_4 成人器械	★	
	X_5 器械说明	★	
	X_6 空地广场	★	
	X_7 空地面积	★	
	X_8 乒乓球	★	

续表

重点要素			要素设计
一级要素	二级要素	说明	设计要点及设计示例
I_1 健身设施	X_9 羽毛球	★	老旧社区宅前空地利用；小块用地安装器材
	X_{10} 足球篮球	★	
	X_{11} 散步小路	★	
	X_{12} 跑步空间	★	
	X_{13} 休息座椅	★	
	X_{14} 座椅材料	★	
I_2 可达性	X_{15} 车辆干扰	▲	物理环境和可达性对收入 2000~5000 元群体健身活动影响较大，同时这一群体关注卫生间、垃圾桶等和物理环境相关的辅助功能以及与可达性相关的标识设计。针对这一群体，健身空间要注意维持良好物理环境、配置与环境卫生相关的辅助功能、关注通往健身空间路径的可达性设计
	X_{16} 方便到达	▲	
	X_{17} 道路环境	▲	
I_3 物理环境	X_{18} 车辆噪声	▲	
	X_{19} 空气质量	▲	
	X_{20} 夏季遮阳	▲	
	X_{21} 冬季挡风	▲	
I_4 辅助功能	X_{22} 卫生间	▲	
	X_{28} 垃圾桶	▲	
I_6 维护安全	X_{34} 辅设维护	■	收入 5000~8000 元群体关注和物理环境、辅助功能相关的维护要素。针对这一群体，健身空间设计重点是加强维护，保持环境卫生，保障空气质量良好；加强灯具管理，及时清理积雪等
	X_{36} 环境卫生	■	
	X_{37} 积雪清理	■	

注：“★”表示收入＜ 2000 元群体重点要素；“▲”表示收入 2000~5000 元群体重点要素；“■”表示收入 5000~8000 元群体重点要素。

3.4.4 考虑健康影响的设计

健康状况很好群体更在意健身设施、影响物理环境的辅助功能和景观要素；健康状况一般群体，关注可达性要素。健康状况不太好群体关注影响健身设施的景观设计。研究整理针对不同健康状况的重点空间要素，并给出要素设计要点和设计示例建议，见表 3-7。

不同健康群体健身空间重点要素设计　　表 3-7

重点要素			要素设计
一级要素	二级要素	说明	设计要点及设计示例
I_1 健身设施	X_1 儿童设施	★	研究发现，健身设施对健康状况很好群体有较大影响。这说明健康状况很好的大众身体状态好，其更加关注健身空间的健身设施配置。完善健身设施种类、丰富健身内容是促进其健身活动的首要办法
	X_2 勿扰儿童	★	
	X_3 儿童安全	★	
	X_4 成人器械	★	
	X_5 器械说明	★	
	X_6 空地广场	★	
	X_7 空地面积	★	
	X_8 乒乓球	★	
	X_9 羽毛球	★	
	X_{10} 足球篮球	★	
	X_{11} 散步小路	★	
	X_{12} 跑步空间	★	
	X_{13} 休息座椅	★	
	X_{14} 座椅材料	★	
I_2 可达性	X_{15} 车辆干扰	▲	可达性对健康状况一般群体的健身频率影响较大。健身空间设计应保障其方便、快速、愉悦地到达。对于健康状况一般的人群，由于其身体条件不是特别好，应增加可达性设计（图 3-28）。同时注重通往健身空间步行路上的空气质量、卫生环境等，创造步行路上的诸如建筑街景、绿化植物等景观设计，起到赏心悦目、美化环境作用
	X_{16} 方便到达	▲	
	X_{17} 道路环境	▲	
I_4 辅助功能	X_{22} 卫生间	★	健康状况很好群体关注影响物理环境的卫生间、垃圾桶等辅助功能和可以改善物理环境的植物、自然景观要素。对于这一群体应保障卫生间清洁、垃圾桶配置合理，增加绿植景观等，保持良好物理环境
	X_{28} 垃圾桶	★	

续表

重点要素			要素设计	
一级要素	二级要素	说明	设计要点及设计示例	
I_5景观设计	X_{29} 自然景观	★	健康状况不太好群体中，景观设计对健身的影响最大。健康状况不太好群体为身体素质差或有残障的群体，其适合运动量小的如闲坐、散步、观赏等健身活动，其活动场所往往是景观亭、景观廊道、景观小路等与景观设施关系密切的空间。对于这一群体，应将景观设施与健身活动结合起来设计，让这一群体在欣赏景观的同时完成健身活动（图3-29）	景观与散步路结合 景观亭与棋牌活动
	X_{30} 人工景观	★■		
	X_{31} 植物景观	★■		
	X_{32} 建筑景观	★■		

"★"表示健康状况很好群体重点要素；"▲"表示健康状况一般群体重点要素；"■"表示健康状况不太好群体重点要素。

这三类群体中，重点应关注健康状况不太好群体。这一群体往往是亚健康体质，渴望通过健身活动来提升身体素质的人群；或者是行动不便，在健身空间中活动有一定困难的人群。健身空间设计好坏对这一群体意义重大，应关注这一群体的特殊需求。

行进路上轮椅坡道　　行进路上盲道畅通　　有高差处设置扶手

图 3-28　增强残障人士、健康一般群体可达性的设计示意

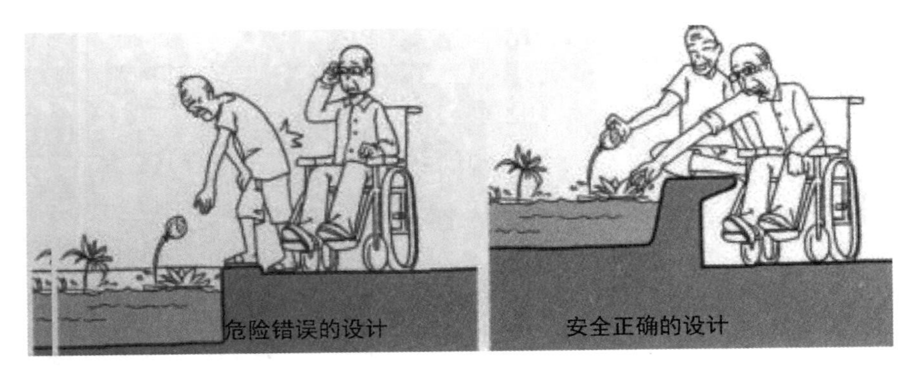

图 3-29　景观水池的设计示意 [99]

第 4 章

不同类型空间的要素设计

在不同类型健身空间中进行的健身活动，空间要素的影响作用有一定差异，根据这些差异可以得出不同类型健身空间的重点设计要素。根据国外优秀实例分析和国内实际情况，本章给出 4 种类型健身空间的要素构成及设计方法，以期望对健身空间设计提供指导。

4.1 宅前空地型空间的要素设计

宅前空地型健身空间主要存在于小区内没有中心广场的老旧小区，个别用地紧张的新建住宅区也存在这类空间。宅前空地型健身空间与其他类型空间相比，用地紧张、设施较少，在一些老旧小区还存在维护差、卫生条件差等缺点，但这类空间也具有与居住空间联系紧密、方便照看健身儿童和老人的优点。无论是国外还是国内，这一类型的健身空间都是城市居民日常健身活动的主要场所之一。

图 4-1 为国外某居住区内部宅前健身公园设计实例，该空间相当于宅前空地型健身空间。

西澳大学教授 Billie Giles-Corti 研究认为，该宅前健身公园一些空间要素设计特点可以很好地促进周围居民健身活动。如：健身空间被周围建筑环绕，形成良好围合空间；四周房子都朝向健身空间，绝大多数建筑内部有良好视线观看健身活动，既便于活动欣赏也便于对活动儿童等的照看；空间四周环绕树木，隔绝噪声、围合空间；空间内部有遮阳树木，

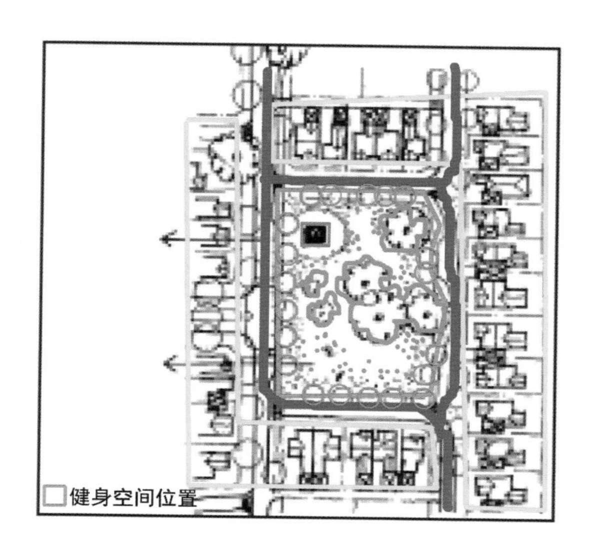

图 4-1　国外小区内部健身空间设计实例

提供良好物理环境；设置绿色草坪，美化空间、促进草坪上活动；空间四周街道环绕并连通别处，形成更大范围的良好可达性；空间内设置儿童游戏器械，满足小龄儿童活动需求。

国外这类空间设计重视空间围合感、重视周围建筑与公园活动的视线交流、关注街道连通性、绿植景观和良好物理环境。虽然国内外居住空间在空间尺度和空间机理方面有所不同，但本书认为我国居住小区内部宅前空地型健身空间的设计应借鉴其空间围合、视线交流、绿植景观、良好物理环境等特点。

4.1.1　要素构成与重点要素设计

根据上述分析和国内实际情况，整理宅前空地型健身空间要素构成与重点要素设计方法，见表 4-1。

宅前空地型健身空间要素构成与设计 表 4-1

要素构成			要素设计
一级要素	二级要素	构成说明	设计要点及设计示例
I_1 健身设施	X_1 儿童设施	√	
	X_2 勿扰儿童	√	
	X_3 儿童安全	√	
	X_4 成人器械	√	
	X_5 器械说明	√	
	X_6 空地广场	√	
	X_7 空地面积	√	
	X_8 乒乓球	□	可不设置
	X_9 羽毛球	○	可以仅提供场地，或与较大空地合用
	X_{10} 足球篮球	□	可不设置
	X_{11} 散步小路	√	
	X_{12} 跑步空间	□	可不设置
	X_{13} 休息座椅	√	
	X_{14} 座椅材料	√	
I_2 可达性	X_{15} 车辆干扰	√	如果健身空间不是直接在住宅楼下，应考虑路上车辆干扰
	X_{16} 方便到达	□	可不考虑
	X_{17} 道路环境	√	如果健身空间不是直接在住宅楼下，应考虑路上道路环境
I_3 物理环境	X_{18} 车辆噪声	★	宅前空地型健身空间多出现在无中心广场的老旧小区。这类小区物业管理水平较差，人车混行、无正规停车场、乱停车现象严重。应设置小区内全部或部分人车分行，加强健身空间周 

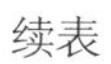

续表

要素构成			要素设计
一级要素	二级要素	构成说明	设计要点及设计示例
I_3 物理环境	X_{18} 车辆噪声	★	围来往车辆管理，健身空间周围来往车辆管理、加强环境卫生维护
	X_{19} 空气质量	★	
	X_{20} 夏季遮阳	★	老旧小区可以增加遮阳树木，增设遮阳凉亭、长廊等；新建设的无广场住宅小区，应在设计之初适当考虑住宅建筑遮阳
	X_{21} 冬季挡风	★	老旧小区考虑在建筑阴角等处建设健身空地，或设置健身区挡风墙；新建设的无广场住宅小区，应在设计之初适当考虑住宅建筑挡风
I_4 辅助功能	X_{22} 卫生间	□	不必考虑设置卫生间，但应避免出现适合男士小便的隐蔽角落
	X_{23} 阅读展览	√	
	X_{24} 下棋桌子	○	可与其他桌子混用，可设置金属或石材带有棋格的桌子和其他活动通用
	X_{25} 放物桌子	√	
	X_{26} 饮水设施	□	可不设置
	X_{27} 售卖设施	□	可不设置
	X_{28} 垃圾桶	★	保证数量足够、位置合适垃圾桶，维护良好
I_5 景观设计	X_{29} 自然景观	□	结合实地情况而定
	X_{30} 人工景观	√	
	X_{31} 植物景观	√	
	X_{32} 建筑景观	□	可不设置
	X_{33} 冬季景观	√	

续表

要素构成			要素设计
一级要素	二级要素	构成说明	设计要点及设计示例
I_6 维护安全	X_{34} 辅设维护	√	
	X_{35} 建施维护	√	
	X_{36} 环境卫生	√	
	X_{37} 积雪清理	√	
	X_{38} 夜间照明	√	
	X_{39} 地面安全	√	
	X_{40} 社会治安	√	
	X_{41} 设施安全	√	
	X_{42} 警告标识	√	

“√”表示要考虑或设置，设计方法同 6.1 中设计对策；“□”表示可不考虑或设置；“○”表示可以和其他场地通用设置，设计方法见表中说明；“★”表示重点设计要素，设计方法见表中说明。

4.1.2 实例空间分析与设计

研究选取哈尔滨宣西小区内部活动场地作为宅前空地型健身空间的代表，对其场地内各类空间要素进行评价打分，其评价结果分析图如图 4-2。从图中可以看出，宣西小区绝大多数指标分值低于一般水平或处于评价较差状态，大众日常健身需求的完成度较低。

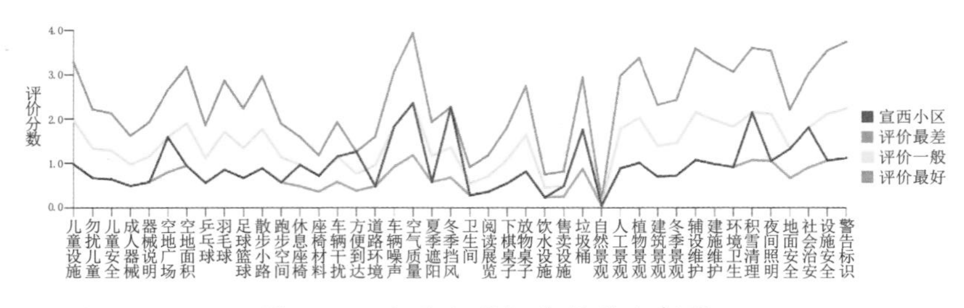

图 4-2 宣西小区评价结果分析图

根据宣西小区现状条件和评价结果，本书对宣西小区进行设计分析详见表 4-2，并提出针对性的设计对策。

宣西小区设计分析

表 4-2

空间现状评价结果分析	主要使用人群	设计目标	设计重点
宣西小区绝大多数指标分值低于一般水平或处于评价较差状态，其大部分要素配置较差。仅方便到达、冬季挡风等几项要素因为空间类型和建筑特点原因分值较高	小区内居民，以老年人和儿童为主	提供一定健身设施和场地，满足居民基本健身需求	建立人车分行系统，增设健身空间

宣西小区设计对策从健身设施、可达性、物理环境、辅助功能、景观设计、维护安全几方面阐述（图 4-3）：

（1）**健身设施设计：**在小区西南侧一处较大空地设置健身广场，满足人数较多的广场舞等活动需求。在小区多处设置小块健身空地，满足人数较少的小型健身活动需求。在东侧两处较大空间内设置儿童活动设施，主要给学龄前儿童提供活动场所。结合各处健身空地和儿童活动场地分散设置成人健身器械，其优点就是适合没有中心广场的小区。在小区内部布置环形散步路径，避免路径被打扰和中断。结合各处空地和设施设置休息座椅，并配置桌子考虑棋牌功能。

（2）**可达性设计：**沿宣礼街两侧设置机动车停车场，尽量做到平时不让机动车进入小区内部，使小区内各处健身空地不受行驶车辆干扰，也避免停车占用健身空地。同时，保障散步道不受行驶车辆干扰，使路径畅通安全。在宣礼街连接散步路径处设置行人斑马线，保障散步路径安全。

（3）**物理环境设计：**宣西小区为围合式院落空间，冬季挡风环境较好。下一步可以结合各处健身空地种植遮阳树木，并通过机动车辆管理、卫生管理等措施保障空气质量、控制车辆噪声。

（4）**辅助功能设计：**结合各处健身空地设置足够垃圾桶，保持环境卫生。平时加强卫生管理，维持良好健身环境。

（5）**景观设计：**原有绿化树木较少，建议结合现状设置树木为主的绿化景观，并考虑全年的观赏性。

（6）**维护安全设计：**在各健身场地，设置足够的夜间照明，保证夜晚健身活动安全进行。同时，加强维护，注意环境卫生，保持场所卫生、安全。

图 4–3　宣西小区健身空间设计对策示意

4.2 小区广场型空间的要素设计

小区广场型健身空间一般空间面积比宅前空地型大，配有一定数量健身器材、景观设计，维护管理也较好。但由于小区不同，这类空间差异较大，配置健身设施等要素有限。

图 4-4 为国外某居住区内部健身公园设计实例，该空间相当于小区广场型健身空间。Billie Giles-Corti 认为该健身公园设计良好的空间要素有：将服务于小区的商店设置其中，以便吸引小区居民前来活动；健身空间被周围建筑环绕，围合空间、保障视线交流；四周有树木形成边界感；四周有街道连通别处，促进可达性；空间内有散步路径和绿色开放式草坪。

我国小区广场型健身空间一般也邻近小区内部商业服务中心，要促进健身空间使用，可以充分利用商业服务吸引人群的特点，在小区健身广场附近设置幼儿园、补习班、小卖部、小型餐饮等商业服务。幼儿园、补习班等服务可以使接送孩子的家长和孩子在闲暇时间更多参与健身广场活动；小卖部、餐饮等不但吸引人群前来活动，还可以为小区健身广场提供辅助服务。

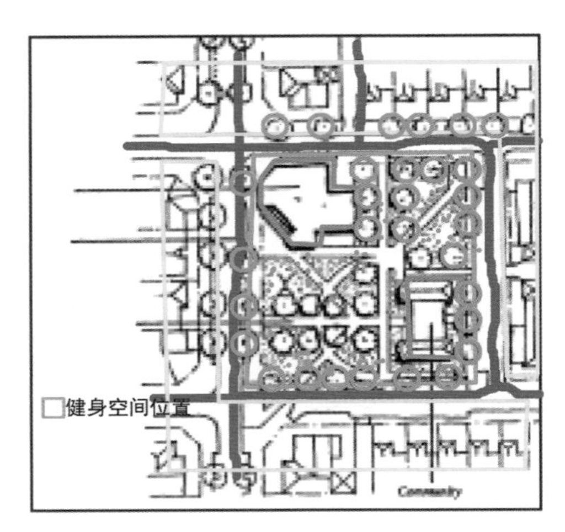

图 4–4　国外小区内部健身空间设计实例

4.2.1　要素构成与重点要素设计

根据上述分析和实际情况，本书对小区广场型健身空间要素构成提出建议。另外，由于健身设施、可达性、维护安全等空间要素对健身活动影响在小区广场型健身空间中比较突出，研究整理小区广场型健身空间要素构成与重点要素设计方法，见表 4–3。

小区广场型健身空间要素构成与设计　　表 4–3

要素构成			要素设计
一级要素	二级要素	构成说明	设计要点及设计示例
I_1 健身设施	X_1 儿童设施	★	设置各年龄层儿童活动场地或设施，保证儿童活动区不受成人活动干扰，设置儿童活动区安全措施
	X_2 勿扰儿童	★	
	X_3 儿童安全	★	

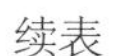

续表

要素构成			要素设计
一级要素	二级要素	构成说明	设计要点及设计示例
I_1 健身设施	X_4 成人器械	★	保证每个小区都设置健身器械，完善器械种类，设置器械说明辅助使用
	X_5 器械说明	★	
	X_6 空地广场	★	保证足够面积的空地广场，以供广场舞、太极拳等健身活动使用
	X_7 空地面积	★	
	X_8 乒乓球	★	设置乒乓球设施和场地
	X_9 羽毛球	★	提供可以进行羽毛球活动的场地
	X_{10} 足球篮球	□	可不设置
	X_{11} 散步小路	★	创造环境优美的散步小路
	X_{12} 跑步空间	□	可不设置
	X_{13} 休息座椅	★	
	X_{14} 座椅材料	★	
I_2 可达性	X_{15} 车辆干扰	★	保证小区内部各处通往健身广场的步行路不受机动车辆干扰
	X_{16} 方便到达	□	可不考虑
	X_{17} 道路环境	★	保证小区内部各处通往健身广场的步行路卫生整洁、景观好、创造有吸引力的道路环境
I_3 物理环境	X_{18} 车辆噪声	√	
	X_{19} 空气质量	√	
	X_{20} 夏季遮阳	√	
	X_{21} 冬季挡风	√	
I_4 辅助功能	X_{22} 卫生间	□	不必考虑设置卫生间，但应避免出现适合男士小便的隐蔽角落
	X_{23} 阅读展览	√	

续表

要素构成			要素设计
一级要素	二级要素	构成说明	设计要点及设计示例
I_4 辅助功能	X_{24} 下棋桌子	○	可设置金属或石材带有棋格的桌子，便于与其他活动通用
	X_{25} 放物桌子	√	
	X_{26} 饮水设施	□	可不设置
	X_{27} 售卖设施	□	可不设置
	X_{28} 垃圾桶	√	
I_5 景观设计	X_{29} 自然景观	□	根据实际地形情况而定
	X_{30} 人工景观	√	
	X_{31} 植物景观	√	
	X_{32} 建筑景观	√	
	X_{33} 冬季景观	√	
I_6 维护安全	X_{34} 辅设维护	★	保证垃圾桶、桌子、宣传广告栏板等辅助功能维护良好
	X_{35} 建施维护	√	
	X_{36} 环境卫生	★	保证垃圾桶及时清理
	X_{37} 积雪清理	√	
	X_{38} 夜间照明	√	
	X_{39} 地面安全	√	
	X_{40} 社会治安	√	

续表

要素构成			要素设计
一级要素	二级要素	构成说明	设计要点及设计示例
I_6 维护安全	X_{41} 设施安全	√	
	X_{42} 警告标识	√	

注："√"表示要考虑或设置，设计方法同 6.1 中设计对策；"□"表示可不考虑或设置；"○"表示可以和其他场地通用设置，设计方法见表中说明；"★"表示重点设计要素，设计方法见表中说明或 6.1 中设计对策。

4.2.2 实例空间评价分析与设计

哈尔滨睿城小区是 2012 年建设的小区，具有大面积的小区广场可以作为居民的健身空间。研究选取睿城小区作为小区广场型健身空间的代表，对其场地内各类空间要素进行评价打分，其评价结果分析图如图 4-5。从图中可以看出，睿城小区多项要素高于评价一般水平或达到评价最好状态，大众日常健身需求的完成度较好。

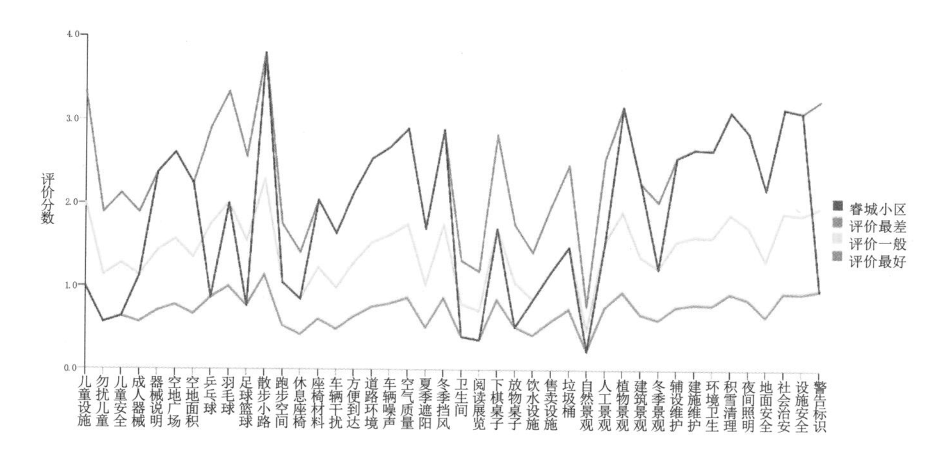

图 4-5 睿城小区评价结果分析图

根据睿城小区现状条件和评价结果，本书对睿城小区进行设计分析详见表 4-4，并提出针对性的设计对策。

睿城小区设计分析　　表 4-4

空间现状评价结果分析	主要使用人群	设计目标	设计重点
如图 4-4 睿城小区多项要素高于评价一般水平或达到评价最好状态，尤其是在空地广场、可达性要素；冬季挡风、个别景观要素和维护要素完成较好	小区内居民，以老人、儿童和青少年为主	完善现有设施，加强植物景观和安全设计	使现有健身设施更加完善，满足多个年龄层次需求

睿城小区的设计对策主要集中在健身设施、辅助功能、景观设计和维护安全设计几方面（图 4-6）:

（1）**健身设施设计**：在中心广场处，划分出具体区域形成大块健身空地以供广场舞等活动需求。同时结合各处零散空地，设置多处小块健身空地以供太极拳、练剑等活动需求。

由于小区是封闭式管理，小区内部没有车辆行驶，故小区内道路环境优良，建议在小区中设置环形散步、跑步路径并考虑设置舒适跑步路面。在各个健身场地附近设置足够休息座椅，满足闲坐和休息之用。在原有健身器械区，增加健身器械种类满足不同身体部位锻炼需求。另外，考虑到小区学龄儿童和青少年较多，在小区内建议设置球类场地一处，以供青少年活动使用。

（2）**辅助功能设计**：在中心广场处设置阅读宣传栏，宣传相关信息、健身知识，提供新闻阅读等。

（3）**景观设计**：在原有小区绿化基础上，设置多个植物品种，保证全年观赏性。

（4）**维护安全设计：**在球场等主要健身活动处，考虑足够照明设施，满足夜间照明和安全需要。

图4-6　睿城小区健身空间设计对策示意

4.3 城市公园型空间的要素设计

城市公园型健身空间和住区内健身空间相比，其面积充足，健身设施、辅助功能、景观设计要素等更完善，但也会出现可达性、社会安全等方面的问题。

图 4-7 为国外小型体育公园设计实例，其作用是为周围社区居民提供日常健身的场所，与本书研究的城市公园型健身空间相当。该城市公园设计良好的空间要素有：由于面积充足，可以设置较为正规的球类场地；各球类场地通用设计，既满足多种要求又节约空间；提供辅助功能建筑；提供野餐活动区域；野餐区邻近儿童游戏区，便于家长照看儿童；树木、植被、草坪等景观设施层次丰富，既可限定空间又可提供活动场所；有环境优美的散步小路。

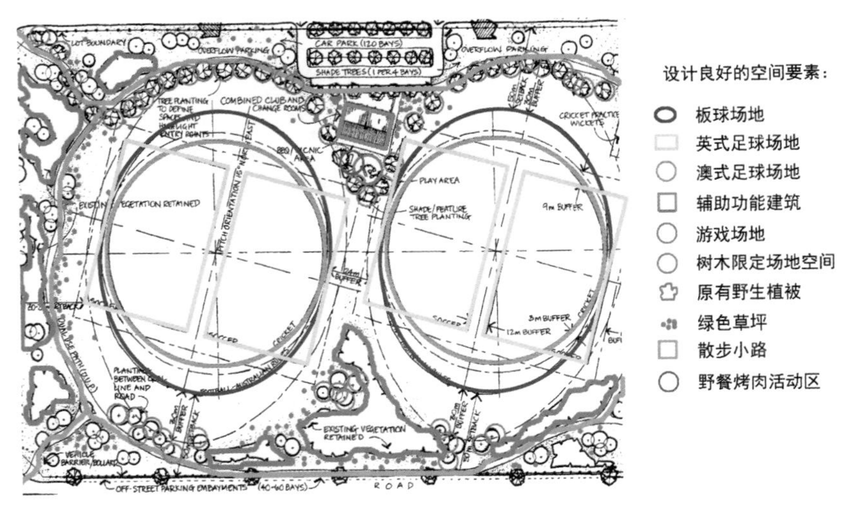

图 4-7　国外公园健身空间设计实例

图 4-8 为国外健身公园又一实例，其中设计良好的空间要素有：良好的街道连通性；设有卫生间、餐饮等辅助功能；设有正规体育场地；休息座椅、垃圾桶等设施齐全；树木草坪等景观丰富。

国外公园为促进健身活动，重视可达性，球类正规体育场地设置齐全，餐饮等辅助服务完善，绿植景观面积大、层次丰富。我国城市公园

图 4-8 国外公园健身空间设计实例

数量有限，应因地制宜增加公园类健身空间的数量，同时增加公园中正规体育场地的配置，完善辅助服务，提升绿植自然景观质量。

4.3.1 要素构成与重点要素设计

根据上述分析，本书对城市公园型健身空间要素构成提出建议，并对城市公园中诸如健身设施、辅助功能等重点空间要素进行设计说明，研究整理城市公园型健身空间要素构成与重点要素设计方法如表 4-5。

城市公园型健身空间要素构成与设计 表 4-5

要素构成			要素设计
一级要素	二级要素	构成说明	设计要点及设计示例
I_1 健身设施	X_1 儿童设施	★	设置各年龄层儿童活动场地或设施，保证儿童活动区不受成人活动干扰，设置儿童活动区安全措施
	X_2 勿扰儿童	★	
	X_3 儿童安全	★	

续表

要素构成			要素设计
一级要素	二级要素	构成说明	设计要点及设计示例
I_1 健身设施	X_4 成人器械	★	设置健身器械，完善器械种类，设置器械说明辅助使用 
	X_5 器械说明	★	
	X_6 空地广场	★	保证足够面积的空地广场，以供多种健身活动使用 
	X_7 空地面积	★	
	X_8 乒乓球	★	设置乒乓球设施和场地
	X_9 羽毛球	★	提供可以进行羽毛球活动的场地
	X_{10} 足球篮球	★	设置较专业的足球或篮球设施 
	X_{11} 散步小路	★	创造环境优美的散步小路
	X_{12} 跑步空间	★	设置跑步路径 
	X_{13} 休息座椅	★	休息座椅数量足够，座椅材料符合寒地气候特点
	X_{14} 座椅材料	★	
I_2 可达性	X_{15} 车辆干扰	√	保证周边住区通往公园的步行路不受机动车辆干扰

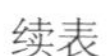

续表

要素构成			要素设计
一级要素	二级要素	构成说明	设计要点及设计示例
I_2 可达性	X_{16} 方便到达	√	在城市中增设健身公园数量，减小公园服务半径
	X_{17} 道路环境	√	保证周围区域通往公园的步行路卫生整洁、景观好，创造有吸引力的道路环境
I_3 物理环境	X_{18} 车辆噪声	√	
	X_{19} 空气质量	√	
	X_{20} 夏季遮阳	√	充分利用各种构筑物和树木遮阳
	X_{21} 冬季挡风	√	注重广场等空间的冬季风影响
I_4 辅助功能	X_{22} 卫生间	★	设置卫生间，维护其良好使用状态
	X_{23} 阅读展览	★	
	X_{24} 下棋桌子	√	可设置金属或石材带有棋格的桌子，便于与其他活动通用
	X_{25} 放物桌子	√	数量足够，以供健身者放置物品
	X_{26} 饮水设施	√	可设置饮水处，冬季提供热水
	X_{27} 售卖设施	√	提供必要售卖设施
	X_{28} 垃圾桶	√	
I_5 景观设计	X_{29} 自然景观	□	根据实际地形情况而定
	X_{30} 人工景观	★	创造多种形式的雕塑、假山、喷泉等
	X_{31} 植物景观	√	

续表

要素构成			要素设计
一级要素	二级要素	构成说明	设计要点及设计示例
I_5 景观设计	X_{32} 建筑景观	★	创造形式丰富、具有时代性的建筑景观
	X_{33} 冬季景观	√	利用人造花朵、落叶等创造冬季落叶期景观效果
I_6 维护安全	X_{34} 辅设维护	√	保证垃圾桶、桌子、宣传广告栏板等辅助功能维护良好
	X_{35} 建施维护	√	
	X_{36} 环境卫生	√	保证垃圾桶及时清理
	X_{37} 积雪清理	√	
	X_{38} 夜间照明	√	保证夜间照明效果
	X_{39} 地面安全	√	空地广场等地面铺装考虑冬季雪后防滑效果
	X_{40} 社会治安	√	通过电子监控或人工巡逻等方式维护良好社会治安
	X_{41} 设施安全	√	
	X_{42} 警告标识	√	

注：“√”表示要考虑或设置，设计方法同 6.1 中设计对策；“□”表示可不考虑或设置；“○”表示可以和其他场地通用设置，设计方法见表中说明；“★”表示重点设计要素，设计方法见表中说明或同 6.1 中设计对策。

4.3.2 实例空间评价分析与设计

哈尔滨黄河公园是哈尔滨黄河路上临近大面积住区的城市公园，景观和辅助设施较为丰富，健身设施和健身场地也比较完善，是周围居民日常健身的重要场所。研究选取黄河公园作为城市公园型健身空间的代表，对其场地内各类空间要素进行评价打分，其评价结果分析图如图 4-9。从图中可以看出，大多数指标好于评价一般水平或达到评价最好状态，大众日常健身需求的完成度较好。

根据黄河公园评价结果和城市公园空间性质，本书对黄河公园进行设计分析详见表 4-6，由此提出针对性的设计对策。

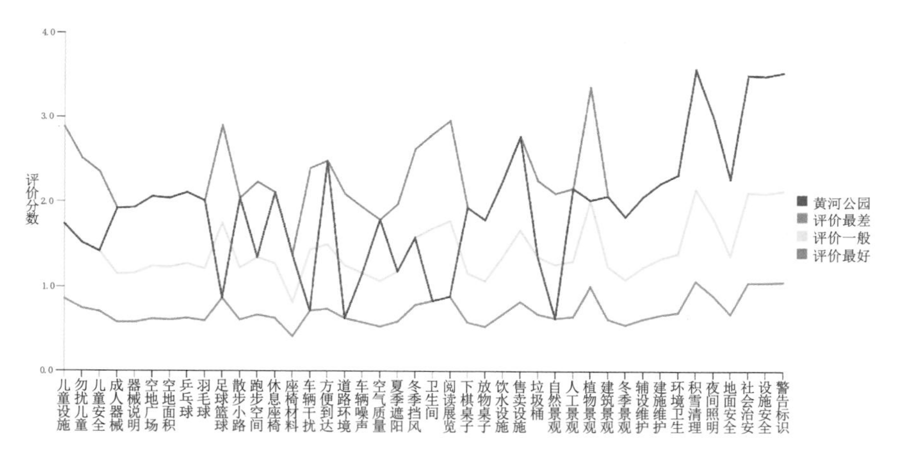

图 4-9 黄河公园评价结果分析图

黄河公园设计分析 表 4-6

空间现状评价结果分析	主要使用人群	设计目标	设计重点
如图 4-9，黄河公园大多数指标好于评价一般水平或达到评价最好状态。在健身设施、辅助功能、维护安全方面配置均较好，但在球类专业场地、可达性、卫生间等配置方面还显不足	周围住区各个年龄层的居民，周围住区主要有公园丽景、泰海花园和红旗老区，分别为高档、中档和相对低档小区，使用者背景复杂繁多	满足多个年龄、多种类型人群的健身需求。应提供相对综合和完善的体育健身服务	因为健身器械、儿童活动、散步小路等基本体育设施配置完善，应将今后设计重点放在兼顾各类人群需求，完善辅助功能，保障舒适、安全环境等方面

黄河公园设计对策从健身设施、可达性、物理环境、辅助功能、景观设计、维护安全几方面阐述（图 4-10）：

（1）**健身设施设计**：增加儿童设施种类并加强安全措施设计，应增加学龄前儿童活动设施，并铺设弹性地面或设置围栏保障儿童活动安全。在场地西侧增加一处青少年活动场地，以篮球、网球、小型足球场地为主。原有休息座椅较少，改进设计中应在合适区域增设座椅，并搭配桌子考虑棋牌等功能。

（2）**可达性设计**：由于黄河公园服务周边多个小区，故应对通往公园步行路加强道路环境设计。不要出现乱停车占道、设施物体拦截步行路等情况；加强道路环境景观建设，促进大众步行可达性。在公园南北两侧的黄河路、淮河路上设置分时段免费停车场，促进开车人士前往。在公园原有的北侧、西侧和南侧入口基础上，增设东北、北、东等几处步行入口，保证从海河东路东端、红旗老区中心和公园丽景的使用者快速抵达公园。在淮河路步行入口处设置过街斑马线，保障过街使用者安全和方便。在入口处设置无障碍坡道、盲道等设施，满足残疾人需求。

（3）**物理环境设计**：在公园北、西、南三侧紧邻车行路边缘种植高大树木，遮挡车行道路的噪声。在原有北侧健身器械区和中心广场西北侧设置高大挡风树木，保证器械区和广场区活动人群在寒冷冬季的舒适性。

（4）**辅助功能设计**：公园类健身空间由于其使用者离住所有一定距离，故应该提供卫生间等功能。建议在公园西北侧设置简易卫生间一处，在中心广场东侧设置售卖亭一个，给使用者提供饮用水、食物等物质。同时设置公园服务处，处理健身活动中的突发事件等。

（5）**景观设计**：原有公园景观设计较好，在改进中除了为改善物理环境而设置的树木景观外，建议在中心广场、入口等处设施建筑雕塑，结合照明灯饰设计，美化环境，增强空间吸引力。

（6）**维护安全设计**：由于公园地下为商业服务，地面有疏散出口和通风口等设施，导致地面凹凸不平，应在有高差和其他较为危险处设置警示牌提醒使用者，避免其在健身活动时受伤害。加强日常维护管理，保障卫生间等处环境卫生，以免影响健身活动。在公园入口处设置标识牌，对公园的平面功能、活动要求、规章制度等进行说明，保证健身活动更好地进行。

图 4-10　黄河公园健身空间设计对策示意

4.4 高校校园型空间的要素设计

高校校园型健身空间有较为正规的体育场地，维护状态好，辅助功能完善，物理环境、卫生环境等都较好，通过相关政策导向和规划设计，高校校园型健身空间可以成为城市居民日常健身空间重要的组成部分。

与国内中小学校园完全封闭不同的是，国外社区学校和社区居民共用健身空间很普遍。图 4-11 即为社区和学校共用体育场地的实例。该健身空间设计良好的空间要素有：设置环形跑道和操场；设置水景观；树木、植被、草坪等景观设施层次丰富，并提供活动场所；有环境优美的散步小路；街道环绕四周形成良好可达性。

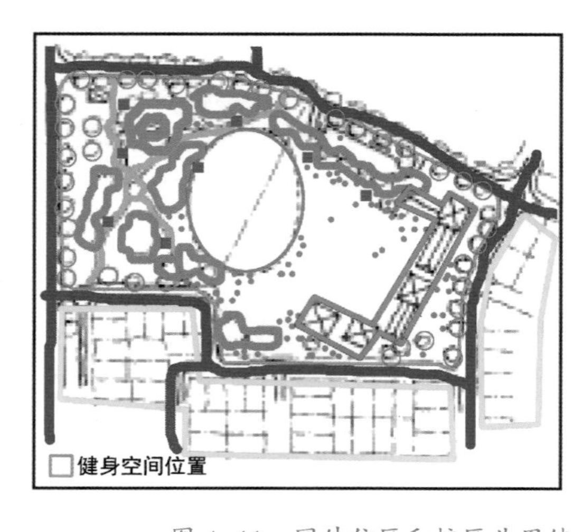

设计良好的空间要素：

- 设有环形跑道和操场
- 四周有街道环绕并连通别处
- 设置休闲座椅
- 社区内的学校
- 被周围建筑环绕
- 空间四周环绕树木
- 有遮阳的树木
- 绿色草坪
- 散步小路
- 设有水景观

图 4-11　国外住区和校区共用健身空间设计实例

当前，国内中小学不对外开放，但高校校园却可以满足和周围住区共用体育场地的要求。但校园型健身空间并不配置健身器材，也并不考虑儿童设施，未有对外来健身人员的考虑。在今后建设中应由政策引导，适当考虑全民健身需求，在高校校园中设置周围住区大众可以使用的各类健身设施，如健身器械、空地广场、儿童活动设施、散步道等。当然，外来人员的进入也会给其维护管理、治安带来干扰，这也是今后设计要考虑的内容。

4.4.1 要素构成与重点要素设计

根据上述分析，本书对高校校园型健身空间要素构成提出建议，并对高校校园中诸如健身设施、辅助功能、景观设计等重点空间要素进行设计说明，研究整理高校校园型健身空间要素构成与要素设计方法如表 4-7。

高校校园型健身空间要素构成与设计　　表 4-7

要素构成			要素设计
一级要素	二级要素	构成说明	设计要点及设计示例
I_1 健身设施	X_1 儿童设施	★	相关政策引导：在不影响学校秩序前提下，于高校校园部分区域设置供周围居民使用的健身设施：儿童设施、成人器械等
	X_2 勿扰儿童	★	
	X_3 儿童安全	★	
	X_4 成人器械	★	
	X_5 器械说明	★	
	X_6 空地广场	★	可以设置学校和居民共用的健身广场
	X_7 空地面积	★	

续表

要素构成			要素设计
一级要素	二级要素	构成说明	设计要点及设计示例
I_1 健身设施	X_8 乒乓球	★	学校正规体育场地可以分时段让学生和居民分别使用，既提高利用效率又避免互相打扰
	X_9 羽毛球	★	
	X_{10} 足球篮球	★	
	X_{11} 散步小路	★	创造环境优美的散步小路
	X_{12} 跑步空间	★	学校塑胶跑道可以为附近居民提供跑步空间
	X_{13} 休息座椅	★	休息座椅数量足够，座椅材料符合寒地气候特点
	X_{14} 座椅材料	★	
I_2 可达性	X_{15} 车辆干扰	√	保证周边校区的步行路不受机动车辆干扰
	X_{16} 方便到达	√	设置多个方向校园出入口，提高可达性
	X_{17} 道路环境	√	保证周围区域通往校园的步行路卫生整洁、景观好，创造有吸引力的道路环境
I_3 物理环境	X_{18} 车辆噪声	√	在校区内人车分流，对穿行车辆适当管制，避免车辆对健身区打扰
	X_{19} 空气质量	√	
	X_{20} 夏季遮阳	√	充分利用各种构筑物和树木遮阳
	X_{21} 冬季挡风	√	注重广场等空间的冬季风影响

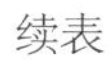

续表

要素构成			要素设计
一级要素	二级要素	构成说明	设计要点及设计示例
I_4 辅助功能	X_{22} 卫生间	√	设置卫生间，或提供健身者可使用的卫生间
	X_{23} 阅读展览	√	在健身区提供阅读、展览、宣传功能
	X_{24} 下棋桌子	√	可设置金属或石材带有棋格的桌子，便于和其他活动通用
	X_{25} 放物桌子	√	数量足够，以供健身者放置物品
	X_{26} 饮水设施	√	设置供给健身居民的饮水处，冬季提供热水
	X_{27} 售卖设施	√	校园内售卖设施兼顾健身者的使用要求
	X_{28} 垃圾桶	√	
I_5 景观设计	X_{29} 自然景观	□	根据实际地形情况而定
	X_{30} 人工景观	★	
	X_{31} 植物景观	★	
	X_{32} 建筑景观	√	创造形式丰富、具有时代性的建筑景观
	X_{33} 冬季景观	√	利用常青树等创造冬季景观效果

续表

要素构成			要素设计
一级要素	二级要素	构成说明	设计要点及设计示例
I_6 维护安全	X_{34} 辅设维护	√	
	X_{35} 建施维护	√	
	X_{36} 环境卫生	√	
	X_{37} 积雪清理	√	
	X_{38} 夜间照明	√	保证健身区夜间照明效果
	X_{39} 地面安全	√	空地广场等地面铺装考虑冬季雪后防滑效果
	X_{40} 社会治安	√	通过电子监控或人工巡逻等方式维护良好社会治安
	X_{41} 设施安全	√	
	X_{42} 警告标识	√	

"√"表示要考虑或设置，设计方法同 6.1 中设计对策；"□"表示可不考虑或设置；"○"表示可以和其他场地通用设置，设计方法见表中说明；"★"表示重点设计要素，设计方法见表中说明或同 6.1 中设计对策。

4.4.2 实例空间评价分析与设计

对外开放的高校校园操场也是城市大众进行日常健身的场所之一，研究选取哈工大二校区作为高校校园型健身空间实例，对其场地内各类空间要素进行评价打分，其评价结果分析图如图 4-12，并对哈工大二校区进行设计分析详见表 4-8，由此提出针对性的设计对策。

哈工大二校区设计对策主要集中在健身设施、可达性、辅助功能和维护安全设计几方面（图 4-13）:

（1）**健身设施设计**：可以供年轻人使用的球类场地是高校健身空间重要优势，有关部门应统筹规划，将高校球类场地、塑胶跑道等设施分

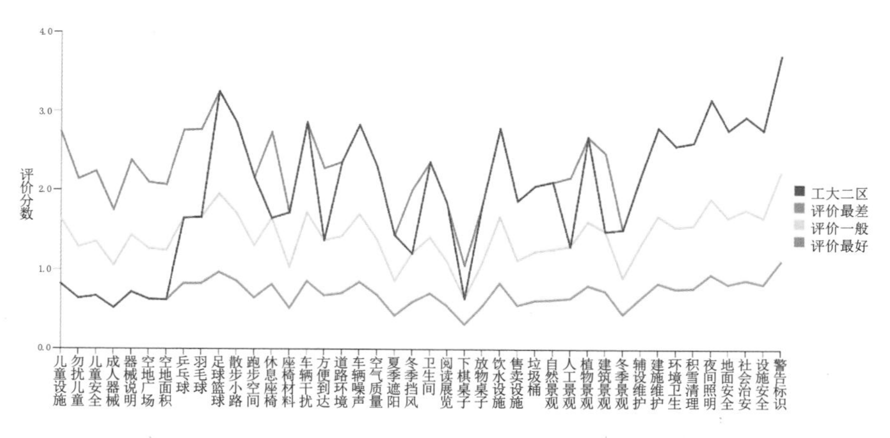

图 4-12　哈工大二校区评价结果分析图

哈工大二校区设计分析　　表 4-8

空间现状评价结果分析	主要使用人群	设计目标	设计重点
如图 4-12，哈工大二校区很多指标高于一般水平或达到评价最好状态，但由于空间主要职能原因，其健身设施要素配置较差，不过在球类设施上较好。方便到达较差，景观要素和维护安全要素较好	各类人群，包括校区周边的居民和校园家属区居民。年龄分布上较广，球类场地设施主要使用者是青少年、中青年，绿林等健身设施主要使用者是中老年和儿童，以家属区居民和退休老教师为主	提供稀缺的球类场地资源和面积较大的绿林，尤其是绿林应能满足更多种健身活动需求	绿林空间的改进，如相关设施的补充。提高校园空间可达性，吸引更多人群参与健身活动

时段对外开放，解决周围居民的健身需求。哈工大二校区的绿林空间是城市中难得一见的自然丛林，其相对优良的物理环境和场地可以提供多种健身活动。由于其使用者以中老年和儿童为主，研究建议在绿林东北角设置少量健身器材和儿童游戏设施，即不影响绿林的整体环境又可以满足居民的健身要求。另外调研中发现，有相当一部分使用者在绿林中进行太极拳类健身活动，由于没有人工铺地而在雨雪天气时活动受阻。

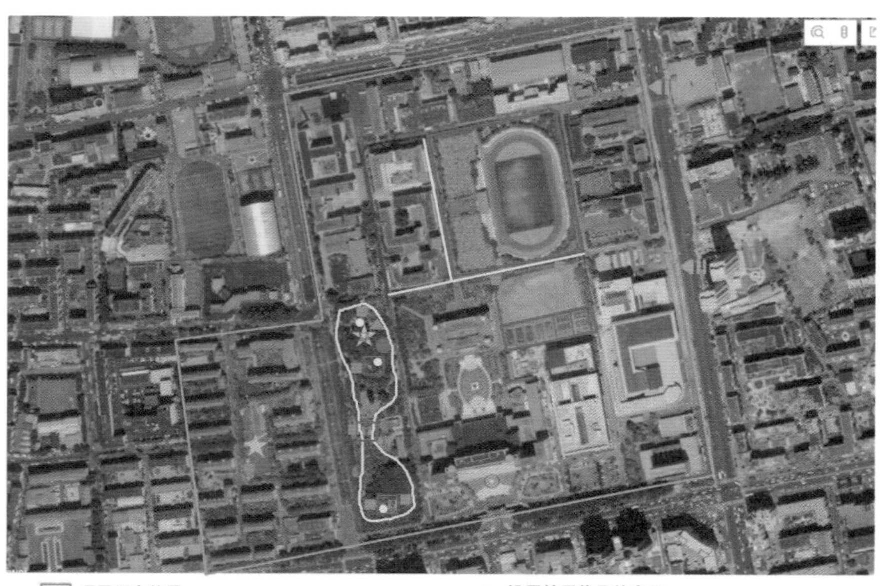

项目所在位置
（分时段）对外开放球类场地
设置铺地的小块健身空地，提供太极拳等
打造散跑步路径
设置学龄前儿童活动设施
增设成人健身器械
设置放置物品的桌子
设置坐态休息设施，考虑棋牌功能
设置阅读宣传栏
保证主要活动场地照明安全
设置多个步行入口，配置斑马线，提高可达性
设置简易卫生间

图 4-13　哈工大二校区健身空间设计对策示意

研究建议在绿林中设计几处小块健身空地，每块面积在 100m^2 左右，采用防滑广场砖等铺地以考虑冬季防滑。在绿林中设置自由式健身小径，可以满足散步、跑步活动需求。同时，调研中发现早晚锻炼时段有很多大众在校园车行路上暴走锻炼，研究建议将校园中局部平时封闭路段设置成可供暴走等走步类活动的空间。结合路林中健身设施和校园中步行路分散设置休息座椅，提供坐态休息功能。

（2）可达性设计： 由于校园原有西侧门可供西侧住区居民通行，故建议在校园东侧、北侧等相邻居住区处设置人行入口，并在相应入口处配置过街斑马线，增加校园健身空间的可达性。

（3）**辅助功能设计：**校园空间中各类售卖设施相对完善，空间改进时建议在绿林空间中设置简易卫生间一处，结合闲坐设施设置桌子若干，以供放置物品和进行棋牌活动。同时建议在绿林处设置阅读宣传栏板，提供报纸阅读、健身知识介绍等功能。

（4）**维护安全设计：**原有绿林中夜间照明灯光不足，给夜间健身活动带来安全隐患。建议在绿林中主要活动空间增设夜间照明。

附录 1

哈尔滨大众日常户外体育（健身）空间要素重要性调查问卷

您好，哈尔滨工业大学建筑学院现正进行一项有关大众日常健身的研究。希望阁下能花几分钟时间完成以下的问卷调查，所有数据只作研究用途，绝对保密。谢谢！

日常健身：指您平时在住所附近（步行30分钟内可达），在楼下小块空地、小区广场、小区周边的高校校园内、城市广场、公园等户外免费场所进行的散（跑）步、器械、下棋、广场舞（操）、练剑打拳、打（踢）球等日常健身锻炼活动。

第一：在健身锻炼场所中，您觉得下列环境因素对您的健身活动重要么？（请打√）

环境要素	很不重要	不太重要	一般重要	比较重要	非常重要
1. 儿童设施：儿童活动设施，如沙坑、秋千、滑梯、跷跷板或其他儿童游戏器械等					
2. 勿扰儿童：儿童活动区不受干扰，独立设置，与其他成人活动区有适当分隔					
3. 儿童安全：儿童活动区安全措施，如与车行道、球场等会带来危险的区域保持距离或有防护措施；活动区地面为橡胶等弹性地面					
4. 成人器械：成人健身器械，健身器械数量、种类满足健身需要					

续表

环境 要素	很不 重要	不太 重要	一般 重要	比较 重要	非常 重要
5. 器械说明: 健身器械使用说明，通过标识牌等形式对器械使用说明、训练效果、安全注意事项等详细说明					
6. 空地广场: 空地和广场，可以提供广场舞跳舞、健身操、室外地面书法、太极拳、练剑等健身活动					
7. 空地面积: 空地广场的面积是否满足多种健身活动需要					
8. 互不干扰: 不同人群的活动互不干扰，各种人群、各种健身活动在空间、噪声等方面互不干扰对方					
9. 乒乓球设施: 有乒乓球案板，空间大小、地面材质、空间位置等适合乒乓球运动					
10. 羽毛球场地: 有可以进行羽毛球活动的场地空间，空间大小、位置适合羽毛球运动					
11. 足、篮球场地: 提供足球、篮球场地设施，不一定是竞技水平的专业场地，有一定场地面积、足球球门、篮球栏板等设施，场地大小、地面材质适合这些球类运动					
12. 散步小路: 有提供散步的路径和空间，可以是景观小路，也可以是不受其他车辆或其他活动干扰的路线空间					
13. 跑步空间: 有提供跑步的跑道或路径，不受其他车辆或活动干扰的路线空间，地面材质适合跑步					
14. 休息座椅: 数量足够，坐下来休息可以进行观赏、闲谈、看护儿童等活动					
15. 座椅材料: 座椅材料舒适，如木质材料的座椅冬天坐着不冷					
16. 车辆干扰: 通向场所的路上没有过多的机动车干扰，路上不会经过过多的车行路口，尤其是不设红绿灯的路口；行进路上不会被乱停车、其他设施占道等情况干扰					

续表

环境 要素	很不 重要	不太 重要	一般 重要	比较 重要	非常 重要
17. 方便到达：步行很快、很方便即可到达，如行进时间 5~15 分钟；很方便了解体育空间的行进路线、入口位置					
18. 道路环境：通向场所的道路环境好，如行进道路环境卫生好、景观优美、行进街道两侧店铺吸引人等					
19. 车辆噪声：场地周边没有太多车辆噪声，在场所活动时，不大会受到太多机动车辆噪声的干扰					
20. 空气质量：场所内空气好、无异味或臭味、不好的烟气、废气等					
21. 夏季遮阳：夏季活动时有遮阳的树木、凉亭、凉棚等设施，健身活动时不晒					
22. 冬季挡风：冬季活动时，有建筑、树木、墙体等设施挡风，场所内没有太大的西北风，比较舒适					
23. 卫生间：场所内设置卫生间，卫生环境好					
24. 设置阅读、展览板：有展板等设施，提供报纸阅读、健身等信息通知、健身知识宣传等					
25. 下棋桌子：设有桌子，下棋时可以用					
26. 放物桌子：设有放东西的桌子，可以放置一些衣物、物品等					
27. 饮水设施：有饮水或卖水的地方，健身活动口渴时可以喝到水					
28. 售卖设施：附近有售卖设施，可以在需要时买东西					
29. 垃圾桶：场所内有数量足够的垃圾桶，清洁维护好，位置合适					
30. 自然景观：如场所内天然的山坡、水体、树林等					

续表

环境 要素	很不 重要	不太 重要	一般 重要	比较 重要	非常 重要
31. 人工景观： 如人工水池、喷泉等					
32. 植物景观： 如人工种植的树木、花卉、草坪等					
33. 建筑景观： 场所周围有漂亮建筑、小品或雕塑等					
34. 冬季景观： 冬季落叶后景观也较好，如有常青树木、色彩很好的人工建筑景观、雪景等					
35. 辅设维护： 卫生间、桌子、垃圾桶、售卖设施、照明灯具维护好，无破损					
36. 草木维护： 草坪、灌木的修剪、灌溉、维护等					
37. 建施维护： 健身广场、器械、球场等设施维修与维护，无破损					
38. 环境卫生： 空间环境卫生维护好，没有垃圾无人清理或清理不到位等情况					
39. 积雪清理： 及时清理场地冬季积雪，清理较为干净，不影响冬季健身活动					
40. 夜间照明： 夜间照明数量或亮度足够，不会出现较为黑暗不安全区域					
41. 地面安全： 活动广场、坡道等处考虑地面安全，设置防滑铺砖等。地面没有碎玻璃、废弃物等危险物					
42. 社会治安： 场所有内维护，管理、监管到位，场所周围社会治安环境好					
43. 设施安全： 空间内的各种设施：器械、场地、座椅、建筑、景观小品等不存在危害使用者安全的隐患					
44. 警告标识： 对危险区域设置警示标牌和对体育空间入口、位置、平面、使用要求进行说明的标识牌					

第二：您的个人情况？

1. 年龄（岁）：□ 0–12 □ 13–18 □ 19–35 □ 36–50 □ 51–65 □ 66 岁及以上

2. 性别： □男 □女

3. 职业：□政府机构或事业单位负责人 □专业技术职业（教师、医生等） □军人 □政府机构或事业单位普通公务员 □ 企业或个体商业 □学生 □其他 ______

4. 收入（元）：□ 2000 以下 □ 2000–5000 □ 5000–8000 □ 8000 以上

5. 您的教育水平：□专科以下 □专科 □本科 □研究生

6. 您家中是否有儿童（0–12 岁），并近一年内陪他（她）到体育空间超过 3 次：□是 □否

7. 您家中是否有老人（66 岁及以上），并近一年内陪他（她）到体育空间超过 3 次：□是 □否

8. 您的健康状况：

□良好 □一般或亚健康（身体有时会有轻微不适）□不太好（有慢性病或行动不便） □很差

附录 2

图片引用说明

本书图片除下列外均为作者自摄和自绘。

第 1 章:

图 1-4~ 图 1-7 中平面图底图来自 http://image.baidu.com，后作者绘制。

第 2 章:

表 2-2 中

“X_9 羽毛球”来自:

:http://jingyan.baidu.com/article/a3f121e406c107fc9052bbd9.html?pn=1&st=4&net_type=&bd_page_type=2&os=&showimg=1&rst=

“X_{13} 休息座椅”来自: http://news.zhulong.com/read184353.htm877322411

“X_{18} 车辆噪声”来自: http://price.pcauto.com.cn/45132/news_detail4975109.html

“X_{19} 空气质量”来自: http://bbs.gdmm.com/thread-2756280-1-1.html

“X_{21} 冬季挡风”来自: http://tieba.baidu.com/p/4177828015

“X_{24} 下棋桌子”来自: http://www.nipic.com/show/10934545.html

“X_{30} 人工景观”来自: http://txyjjc2012.b2b.hc360.com/

“X_{34} 辅设维护”来自: http://www.pdsxww.com/misc/2007-12/20/content_643946.htm

“X_{35} 建施维护”来自: http://news.163.com/10/0423/09/64UQ4U1K00014AED.html

“X_{37} 积雪清理”来自: http://test0.hz66.com/2013/0107/115659.shtml

“X_{38} 夜间照明”来自: http://www.dianping.com/photos/118583585/member

“X_{39} 地面安全”来自: http://www.changjia888.com/chanpin/27239355

“X_{40} 社会治安”来自: http://www.nipic.com/show/10127633.html

“X_{42} 警告标识”来自: http://www.cnjx.gov.cn/content/news_view.php?ty=16&id=34386

第 3 章:

1. 图 3-6“不适合寒冷气候座椅”: http://www.99inf.com/classinfo/8048864.html

2. 图 3-7“道路交叉口秩序混乱”来自：http://www.wasu.cn/Play/show/id/5334468
3. 图 3-8“入口指示牌示意”来自：
   http://www.huitu.com/photo./show/20150302/165939420200.html
4. 图 3-10“建筑挡风示意”底图来自 http://image.baidu.com，后作者绘制。
5. 图 3-11“雪雕冬季景观”来自：
   http://www.huitu.com/photo/show/20140106/161815875200.html
6. 图 3-12“破损灯具”来自：http://mynews.longhoo.net/thread-547077-1-413.html
7. 图 3-15 中
   “景观迷宫与散步”来自：http://www.hnzqw.com/thread-77844-1-1.html
   “景观廊下棋牌”来自：
   http://mm799nn799.blog.163.com/blog/static/4494011920071126101358252/
8. 图 3-16 中“假山喷泉隔绝噪声”来自：http://detail.1688.com/offer/525535008073.html
   “绿植墙面净化空气”来自：http://www.shejiben.com/works/1901953.html
   “建筑小品遮阳”来自：
   http://old.landscape.cn/works/Photo/shili/cs/2014/3663257050_2.html
9. 图 3-19 中“带刺植物易伤人”来自：http://iask.sina.com.cn/b/16386796.html
   “水景无遮拦易跌落”来自：www.far2000.com
10. 图 3-20 中
    “桌椅设计促进下棋活动”来自：
    http://mm799nn799.blog.163.com/blog/static/4494011920071126101358252/
    “各类标识便于辅助设施使用”来自：
    http:/www.nipic.com/show/3/84/5693971k3ac680d8.html。
    “洗手间标识”来自：http://www.nipic.com/show/3/84/5693971k3ac680d8.html
    “垃圾桶标识”来自：http://www.nipic.com/Error/404.html
    “餐饮标识”来自：http://www.nipic.com/Error/404.html
11. 表 6-2 中：
    “男性广场书法”来自：http://zy.wenming.cn/wmxf/201303/t20130320_566407.shtml
    “女性健身看护同时进行”来自：“周燕珉、刘佳燕．居住区户外环境的适老化设计．建筑学报，2013.3:60-64”
12. 表 6-3 中：
    “嬉戏设施”、“冒险设施”、“益智设施”来自：“杨滨章．快乐的天地成长的乐园——丹麦儿童游戏场地设计艺术探析．中国园林，2010,57-62”
    “青少年在小区空地活动”来自：

http://shequ.nen.cn/14242/164462/2013222/1361513390030.shtml
"青少年雪地足球"来自:
http://chinapic.people.com.cn/forum.php?mod=viewthread&tid=5455931
"绿植景观与儿童活动"、"顺应山坡设置滑梯"、"假山促进攀爬"来自:"甘德欣,龙岳林.英国儿童室外活动场地的人性化设计.园林,2011.1:66-69"
"儿童冰雕"来自:
http://zz.19lou.com/forum-6-thread-191041403185859329-filter-1-1.html
"广场分区设计"来自:"周燕珉,刘佳燕.居住区户外环境的适老化设计.建筑学报,2013.3:60-64"

13. 图3-24中"积雪覆盖的跷跷板"来自"吴艳芹.寒地城市户外公共运动设施设计研究.哈尔滨工业大学硕士论文,2009,12:26"
14. 表3-6中"老旧社区宅前空地利用"来自:
    http://fc.ahxf.gov.cn/Content.asp?Bclassid=252&Class_ID=255&ID=20083
15. 表3-7中"景观与散步路结合"、"景观亭与棋牌活动"来自:
    http://www.xqjy.com.cn/html/shequjiaoyu/shejiaodongtai/2013/0504/21933.html

第4章:

1. 图4-1、图4-4、图4-7、图4-8、图4-11
   底图来自 http://www.sph.uwa.edu.au/research/cbeh/projects/post,后作者绘制。
2. 图4-3、图4-6、图4-10、图4-13
   底图来自 http://image.baidu.com,后作者绘制。
3. 表4-1中 X_{18} 车辆噪声:http://bj.house.sina.com.cn/2013-09-04/95/31732.html。

参考文献

[1] 国务院 . 全民健身计划纲要 [EB/OL]. 国家体育总局网站，1995.6.

[2] 国务院 . 全民健身条例国务院令第 560 号 [EB/OL]. 国家体育总局网站，2009.8.

[3] 国务院 . 全民健身计划（2011–2015 年）国发〔2011〕5 号 [EB/OL]. 国家体育总局网站，2011.2.

[4] 国务院 . 全民健身计划（2016–2020 年）国发〔2016〕37 号 [EB/OL]. 国家体育总局网站，2016.6.

[5] 边宇，吕红芳 . 美国《全民健身计划》解读及对我国的启示 [J]. 体育学刊，2011.3.69–73.

[6] 潘华 . 中德全民健身的比较研究——兼论《全民健身计划纲要》与《黄金计划》[J]. 成都体育学院学报，2008，34（1）：18–21.

[7] 冯炎红，张昕 . 日本发展大众体育的理论与实践对完善我国大众体育环境的启示 [J]. 沈阳体育学院学报，2005.10.44–46.

[8] 张家臣 . 明确“社区”及“社区体育”的概念，明确社区体育设施在当今社会生活中的定位和作用 [J].“城市社区体育设施建设与实践”主题沙龙，城市建筑，2011.9.4.

[9] 胡小明 . 小康社会体育休闲娱乐理论的研究 [J]. 体育科学，2004，24(10):8–10.

[10] Zakiul M. Children and Urban Neighborhoods: Relationships between Outdoor Activities of Children and Neighborhood Physical Characteristics in Dhaka, Bangladesh[D]. North Carolina: North Carolina State University, 2008.

[11] Lynnette Renee Weigand, Active recreation in parks: Can park design and facilities promote use and physical activity?[D].Portland:Portland State University,2007.

[12] Arleen A. Humphrey, Physical Environmental Influences on the Physical Activity Behavior of Independent Older Adults Living in Continuing Care Retirement Communities[D]. North Carolina : North Carolina State University,2006.

[13] Gavin R.Mc Cormack, Melanie Rock,Ann M.Toohey, Danica, Hignell. Characteristics of urban parks associated with park use and physical activity: A review of qualitative research[J]. Health & Place 2010,16(4):712-726.

[14] 中国国家体育总局 , 城市社区体育设施建设用地指标 [EB/OL],2005.11.1.

[15]Harold W. Kohl,et al,Assessment of Physical Activity among Children and Adolescents:A Review and Synthesis,Preventive Medicine,2000,(31):S54–S76.

[16] Mohammad Javad Koohsari，Hannah Badland，Billie Giles-Corti，Designing the built environment to support physical activity:Bringing public health back into urban design and planning[J]，Cities,2013, 35 (4): 294–298.

[17] Frank, L. D., Engelke, P. O., & Schmid, T. L. Health and community design: The impact of the built environment on physical activity[M]. Washington, DC: Island Press.2003.

[18] 阮智富，郭忠新 . 现代汉语大词典 下册 [M]. 上海：上海辞书出版社 .2009：2848.

[19] 彭克宏，马国泉 . 社会科学大词典 [M]. 北京：中国国际广播出版社 .1989：84.

[20] 王建国 . 城市设计 [M]，中国建筑工业出版社，2009:128-159.

[21] （美）凯文 林奇著；方益平，何晓军译 . 城市意象 [M]. 华夏出版社，2001:35-63.

[22] 李莎莎 . 现代大城市社会生活公共开放空间设计要素初探 [D]. 西安建筑科技大学，2010.

[23] 曾建明，孙剑，刘洋，et al. 基于市民休闲体育行为的城市体育设施功能布局模式研究——以新疆乌鲁木齐市为例 [J]. 新疆社会科学，2013(2):131-135.

[24] 日本建筑学会 . 空间要素（世界的建筑城市设计）[M]. 中国建筑工业出版社，2009.7.

[25] Cavnar, M. M., Kirtland, K. A., Evans, M. H., Wilson, D. K., Williams, J. E., Mixon, G. M., et al. Evaluating the Quality of Recreation Facilities: Development of an assessment tool[J]. Journal of Park and Recreation Administration，2004，22(1)：96–114.

[26] Lee, R., Booth, K., Reese-Smith, J., Regan, G., & Howard, H. The Physical Activity Resource Assessment (PARA) instrument: Evaluating features, amenities and incivilities of physical activity resources in urban neighborhoods[J]. International Journal of Behavioral Nutrition and Physical Activity，2005， 2(1)：13.

[27] Broomhall, M., Giles-corti, B., & Lange, A. Quality of Public Open Space Tool (POST)[EB/OL]. Perth, Western Australia: School of Pop- ulation Health, The University of Western Australia. Available at:. http://www.sph.uwa.edu.au/research/cbeh/projects/post .2004.

[28] Green Flag Award Scheme. Park and green space self assessment guide: A guide to the self assessment of the quality of your parks and green spaces using the Green Flag Award Criteria[C]. Wigan: Green Flag Award Scheme. 2008.

[29] Saelens, B. E., Frank, L., Auffrey, X., Whitaker, R. X., Burdette, H. L., & Colabianchi, N. Measuring physical environments of parks and playgrounds: EAPRS

instrument development and inter-rate reliability[J]. Journal of Physical Activity & Health, 2006,3(Suppl. 1): S190–S207.

[30] Bedimo-Rung, A., Gustat, J., Tompkins, B. J., Rice, J., & Thomson, J. Development of a direct observation instrument to measure environmental characteristics of parks for physical activity[J]. Journal of Physical Activity & Health, 2006,3(Suppl. 1):S176–S189.

[31] Christopher J. Gidlow, Naomi J. Ellis, Sam Bostock. Development of the Neighbourhood Green Space Tool (NGST)[J] . Landscape and Urban Planning,2012, 106:347–358 .

[32] 王茜 . 城市体育健身空间结构合理性评价体系的构建 [J]. 体育科技文献通报，2015.3.

[33] 全玉婷 . 社区休闲体育设施可达性与城市居民参与度关系研究——以深圳市居民为例 [D]. 广州：暨南大学硕士学位论文，2011.4.

[34] 常乃军，乔玉成 . 社会转型视域下城市体育生活空间的重构 [J]. 体育科学，2011,31（12）:14-20.

[35] 高淼 . 城市体育公园公共服务设施设计研究——以咸阳上林运动公园公共服务设施设计为例 [D]. 长安大学硕士学位论文，2011.4.

[36] 姬园园 . 福州市体育公园景观建设与评价研究 [D]. 福建农林大学硕士学位论文，2013.4.

[37] 刘杰 . 基于 AHP 法的体育公园景观重要性研究 [D]. 四川农业大学硕士学位论文，2012.6.

[38] 徐伟伟 . 体育公园使用后评估研究初探——以杭州城北体育公园为例 [D]. 浙江大学硕士学位论文，2012.3.

[39] 李丰祥，宋杰 . 山东半岛城市群社区健身环境评价体系及标准的研究 [J]. 武汉体育学院学报，2006,40 (5):40-44.

[40] 张枝梅 . 构建体育生活化社区评价指标体系理论探析 [J]. 广州体育学院学报，2011,31(4):17-20.

[41] Deborah A. Cohen et al.Parks and physical activity: Why are some parks used more than others?[J].Preventive Medicine.2010,50: S9–S12.

[42] Lynnette Renee Weigand,Active recreation in parks:Can park design and facilities promote use and physical activity?[D].Portland ： Portland State University,2007.

[43] Andrew T. Kaczynski.Association of Park Size, Distance, and Features With Physical Activity in Neighborhood Parks[J].Innovations In Design and Analysis. 2008, 98(8):1451-1456.

[44] Diaan Louis van der Westhuizen.Concepts of Space and Placeneighborhood Access, Pedestrian Movement, and Physical Activity in Detroit: Implications for Urban Design and Research[D].the University of Michigan dissertation.2010.

[45] Birthe Jongeneel-Grimen et al.The relationship between physical activity and the living environment: A multi-level analyses focusing on changes over time in environmental factors[J].Health &Place,2014,26:149–160.

[46] Sugiyama T, Thompson C W. Associations between characteristics of neighbourhood open space and older people's walking[J].Urban Forestry & Urban Greening ,2008,7: 41–51.

[47] Amy V. Ries et al.A Quantitative Examination of Park Characteristics Related to Park Use and Physical Activity Among Urban Youth[J].Journal of Adolescent Health,2009,45:S64–S70.

[48] Myron F. Floyd.Park-Based Physical Activity Among Children and Adolescents[J]. Am J Prev Med 2011， 41(3):258–265.

[49] Arleen A. Humphrey.Physical Environmental Influences on the Physical Activity Behavior of Independent Older Adults Living in Continuing Care Retirement Communities[D].North Carolina State University.

[50] Adams, A, Harvey, H, Brown, D. Constructs of health and environment inform child obesity prevention in American Indian communities[J].Obesity,2008, 16:311–317.

[51] Cohen D. A. Effects of Park Improvements on Park Use and Physical ActivityPolicyand ProgrammingImplications[J]. American Journal of Preventive Medicine, 2009, 37(6):475–480.

[52] Holman C, Donovan R, Corti B. Factors influencing the use of physical activity facilities: results from qualitative research[J]. Health Promotion Journal of Australia Official Journal of Australian Association of Health Promotion Professionals,1996, 6(1):16–21.

[53] Tester J, Baker R. Making the playfields even: Evaluating the impact of an environmental intervention on park use and physical activity[J]. Preventive Medicine, 2009, 48(4):316–320.

[54] Cutt H.E, Gilescorti B, Wood L.J, et al. Barriers and motivators for owners walking their dog: results from qualitative research[J]. Health Promotion Journal of Australia Official Journal of Australian Association of Health Promotion Professionals,2008, 19(2):118–124.

[55] Myron F. Floyd et al. Park-Based Physical Activity Among Children and Adolescents[J].American Journal of Preventive Medicine ,2011， 41(3):258–265.

[56] Day, R. Local environments and older people's health: dimensions from a comparative qualitative study in Scotland[J]. Health and Place 2008,14:299–312.

[57] Bedimorung A.L, Mowen A.J, Cohen D.A. The significance of parks to physical activity and public health: a conceptual model[J]. American Journal of Preventive Medicine, 2005, 28(2 Suppl 2):151–273.

[58] Evenson, K, Sarmiento O, Macon M, Tawney, K, Ammerman, A. Environmental, policy, and cultural factors related to physical activity among Latina immigrants[J]. Women and Health， 2002,36:43–57.

[59] Anna Timperio et al. Features of public open spaces and physical activity among children: Findings from the CLAN study[J].Preventive Medicine,2008,47:514–518.

[60] Gearin E, Kahle C. Teen and adult perceptions of urban green space Los Angeles[J]. Children, Youth and Environments,2006, 16:25–48.

[61] Griffin S, Wilson D, Wilcox S, Buck J, Ainsworth B. Physical activity influences in a disadvantaged African American community and the communities' proposed solutions[J]. Health Promotion Practice,2008, 9:180–190.

[62] Karen Witten et al.Neighborhood access to open spaces and the physical activity of residents: A national study[J].Preventive Medicine ,2008,47: 299–303.

[63] Henderson, K, Neff L, Shape P, Greaney M, Royce S, Ainsworth B. “It Takes a Village” to promote physical activity: the potential for public park and recreation departments[J]. Journal of Park and Recreation Administratio,2011,19:23–41.

[64] M. Hillsdon, J. Panter, C Foster, A. Jones. The relationship between access and quality of urban green space with population physical activity[J].Public Health,2006,120:1127–1132.

[65] Krenichyn K. 'The only place to go and be in the city': women talk about exercise, being outdoors, and the meanings of a large urban park[J]. Health and Place,2006, 12: 631–643.

[66] D. Crawford. Which features of public open space are associated with children's physical activity?[J].Journal of Science and Medicine in Sport,2007,10(Suppl1):7.

[67] Kruger J,ChawlaL. 'We know something someone doesn't know': Children speak out on local conditions in Johannesburg[J]. Children, Youth and Environments,2005, 15:89–104.

[68] Billie Giles-Cortia,,Robert J. Donovan.The relative influence of individual, social and physical environment determinants of physical activity[J].Social Science & Medicine ,2002,54:1793–1812.

[69] Lloyd K, Burden J, Kieva J. Young girls and urban parks: planning for transition through adolescence[J]. Journal of Park and Recreation Administration,2008, 26: 21–38.

[70] Billie Giles-Corti et al.Increasing walking: How important is distance to, attractiveness, and size of public open space?[J].American Journal of Preventive Medicine,2005,28(2S2)：169-176.

[71] Ries A, Gittelsohn J, Voorhees C, Roche K, Clifton K, Astone N. The environment and urban adolescents' use of recreational facilities for physical activity: a qualitative

study[J]. American Journal of Health Promotion,2008, 23:43–50.

[72] Takemi Sugiyama. Initiating and maintaining recreational walking: A longitudinal study on the influence of neighborhood greenspace[J].Preventive Medicine,2013,57:178–182.

[73] Sanderson B, Littleton M, Pulley L. Environmental, policy, and cultural factors related to physical activity among rural, African American women[J]. Women and Health,2002, 36:75–90.

[74] Strath S, Isaacs R, Greenwald M. Operationalizing environmental indicators for physical activity in older adults[J]. Journal of Aging and Physical Activity,2007, 15: 412–424.

[75] Tucker P, Gilliland J, Irwin J. Splashpads, swings, and shade: parents' preferences for neighbourhood parks[J]. Canadian Journal of Public Health,2007,98:198–202.

[76] C. Boldemann et al.Preschool outdoor play environment may combine promotion of children's physical activity and sun protection. Further evidence from Southern Sweden and North Carolina[J].Science& Sports,2011,26:72—82.

[77] Veitch J, Bagley S, Ball K, Salmon J. Where do children usually play? A qualitative study of parents' perceptions of influences on children's active free-play[J]. Health and Place,2006, 12:383–393.

[78] Veitch J, Salmon J, Ball K. Children's perceptions of the use of public open spaces for active free-play[J]. Children's Geographies,2007, 5:409–422.

[79] Takemi Sugiyama, Catharine Ward Thompson. Associations between characteristics of neighbourhood open space and older people's walking[J].Urban Forestry & Urban Greening,2008,7:41–51.

[80] Wilbur J, Chandler P, Dancy B, Choi J, Plonczynski D. Environmental, policy, and cultural factors related to physical activity in urban, African– American women[J]. Women and Health,2002, 36:17–28.

[81] Andrew T. Kaczynski , Andrew J. Mowen. Does self-selection influence the relationship between park availability and physical activity?[J].Preventive Medicine,2011,52:23–25.

[82] Yen I, Scherzer T, Cubbin C, Gonzalez A, Winkleby M. Women's perceptions of neighborhood resources and hazards related to diet, physical activity, and smoking: focus group results from economically distinct neighborhoods in a mid-sized U.S. city[J]. American Journal of Health Promotion,2007, 22:98–106.

[83] Jasper Schipperijna, Peter Bentsen, Jens Troelsen, Mette Toftager, Ulrika K. Stigsdotter .Associations between physical activity and characteristics of urban green space[J].Urban Forestry & Urban Greening,2013,12:109–116.

[84] Fredrika Mårtensson et al.The role of greenery for physical activity play at school

grounds[J].Urban Forestry & Urban Greening,2014,13:103–113.

[85] Emma Coombes , Andrew P. Jones . Melvyn Hillsdon, The relationship of physical activity and overweight to objectively measured green space accessibility and use[J]. Social Science & Medicine,2010,70: 816–822.

[86] Benedict W. Wheeler , Ashley R. Cooper , Angie S. Page , Russell Jago .Greenspace and children's physical activity: A GPS/GIS analysis of the PEACH project[J]. Preventive Medicine ,2010,51: 148–152.

[87] Kelly R. Evenson PhD and MS. Environmental, Policy, and Cultural Factors Related to Physical Activity Among Latina Immigrants[J].Women& Health, 2002,36(2): 43-56.

[88] 鲁斐栋，谭少华 . 建成环境对体力活动的影响研究：综述与思考 [J]. 国际城市规划，2013,11.

[89] 刘松，张少兵 . 常州城市体育空间体系的构建及调整 [J]. 现代城市研究 2013,07:100-104.

[90] Likert R. "A Technique for the measurement of Attitudes" in Attitude Measurement[J]. Archives of Psychology, 1932, 12(140):1–55.

[91] 张文彤，董伟 . 统计分析的高级教程（第二版）[M]. 北京：高等教育出版社，2013.3:366.

[92] 马艺方 . 互联网用户网络使用行为 SEM 模型及拟合修正 [J]. 统计与决策，2015,6:72-76.

[93] 杨滨章 . 快乐的天地、成长的乐园——丹麦儿童游戏场地设计艺术探析 [J]. 中国园林 , 2010,26(11):57–62.

[94] 金银日 . 城市居民休闲体育行为的空间需求与供给研究——以上海市为例 [D]. 上海 : 上海体育学院 , 2013.

[95] 国务院 . 关于加快发展体育产业促进体育消费的若干意见 [C]//. http://www.gov.cn/zhengce/content/2014-10/20/content$ $9152.htm: [s.n.] , 2014.

[96] 廖含文 . 对在当代中国城市建筑环境中发展大众体育设施的几点思考 [J]. 城市建筑 , 2012(11):18–20.

[97] Sugiyama T, Neuhaus M, Cole R, et al. Destination and route attributes associated with adults' walking: a review[J]. Medicine & Science in Sports & Exercise, 2012,44(7):1275–1286.

[98] 贺勇，李磊，李俊毅，李伟星，穆立蔷 . 北方 30 种景观树种净化空气效益分析 [J]. 东北林业大学学报，2010（5）38:37-39.

[99] 佚名． 荷兰罗曾堡挡风墙景观设计 [C]//. http://old.landscape.cn/works/Photo/shili/cs/2014/3663257050 2.html: [s.n.] , 2014.

[100] 周燕珉，刘佳燕 . 居住区户外环境的适老化设计 [J]. 建筑学报，2013.3:60-64.